Une mer propre, mission impossible ?

70 clés pour comprendre les déchets en mer

Collection *Clés pour comprendre*

Les chauves-souris ont-elles peur de la lumière ?
100 clés pour comprendre les chauves-souris
François Prud'homme, 2013, 208 p.

Les oiseaux ont-ils du flair ?
160 clés pour comprendre les oiseaux
Luc et Muriel Chazel, 2013, 240 p.

Le sel pousse-t-il au soleil ?
120 clés pour comprendre le sel
Pierre Laszlo, 2012, 128 p.

Un crapaud peut-il détecter un séisme ?
90 clés pour comprendre les séismes et tsunamis
Louis Géli, Hélène Géli, 2012, 176 p.

Le tout bio est-il possible ?
90 clés pour comprendre l'agriculture biologique
Bernard Le Buanec coordinateur, 2012, 240 p.

Les poissons d'élevage sont-ils stressés ?
80 clés pour comprendre l'aquaculture
Michel Girin, 2012, 144 p.

Éditions Quæ
RD 10
78026 Versailles Cedex, France
www.quae.com

ISBN : 978-2-7592-2031-1
ISSN : 2261-3188

François Galgani
Isabelle Poitou
Laurent Colasse

Une mer propre, mission impossible ?

70 clés pour comprendre les déchets en mer

Contributeurs
Marc Madec, *Fédération de la plasturgie*
Maryvonne Henry, *Ifremer*
Françoise Claro, *Muséum national d'histoire naturelle*
Loïc Kérambrun, *Cedre*
Olivia Gérigny, *Ifremer*

Éditions Quæ

« Les rivières ne se précipitent
pas plus vite dans la mer
que les hommes dans l'erreur. »
Voltaire

Remerciements

Présenter en 70 questions le problème des déchets marins a nécessité le travail de nombreuses personnes qui ont participé, de près ou de loin, à la réalisation de ce premier ouvrage en France sur le sujet.

Les auteurs remercient pour leurs apports les associations *SOS Mal de Seine et MerTerre*, le *Cedre* (L. Kerambrun), KWATA, la fédération de la Plasturgie (M. Madec), le Muséum national d'histoire naturelle (F. Claro) et l'Ifremer (O. Gérigny, M. Henry, A. Huvet). Ils remercient également les photographes de l'Ifremer (O. Barbaroux, O. Dugornay, M. Gouillou), J. Detcheverry (SPM Frag'îles), Éco-Emballages, J.H. Hecq (université de Liège), D. Jones et J. Ruxton (Plastic Oceans), H. Karapanagioti (université de Patras), L. Lombard et S. Bordes (*MerTerre*), Plastic Europe, M. Pitts (www.michaelpitts.co.uk), S. Simon (Institution Adour), J. Stock (Dutch Seabird Group), R.C. Thompson (université de Plymouth), J.A. van Franeker (IMARES), pour les documents visuels. Ils remercient enfin Nelly Courtay (Ifremer/Éditions Quæ) pour l'édition, le suivi éditorial et son implication dans l'ouvrage.

Préface

Ils sont à l'origine de mon engagement pour la préservation de la mer et du littoral. Comme une voie incontournable après dix années de course au large, de traversées toutes marquées de leur omniprésence. Les macro-déchets ont fait naître à la fois la colère, l'indignation, et l'incompréhension au cœur de mes navigations solitaires ou d'équipage. Des bidons en plastique, des sacs, des pains de polystyrène... parfois déjà colonisés par un écosystème toujours prompt à saisir le moindre substrat. Les découvrir en plein milieu de l'océan, à mille milles de toute terre habitée, m'a souvent donné le sentiment du marin qui décèle une voie d'eau annonciatrice d'un probable naufrage. Il me fallait donner l'alerte.

Sur une traversée de l'Atlantique, l'observation des macro-déchets est quotidienne. Au cours de mes tours du monde, seuls les Cinquantièmes hurlants m'ont paru préservés. Mais sillonnant par la suite le canal de Beagle, il m'est arrivé lors d'une halte dans une baie loin de la vie des hommes, de découvrir des dizaines de grands sacs en plastique échoués sur une plage, enrubannant des bois flottés ou accrochés aux épineux du rivage. Ce jour-là, j'ai pleuré, toujours de colère, d'incompréhension et d'impuissance : « D'où viennent-ils ? Comment en est-on arrivé là ? »

Je me souviens aussi d'un entraînement en rade de Marseille : nous attendions le départ de la régate et j'avais ramassé les sacs qui dérivaient autour de nous : j'en collectai une vingtaine en quelques minutes. Je me souviens de plongées entachées d'immondices, comme si on avait voulu les cacher à la vue des Terriens. C'est cela, tout se passe comme si l'on avait longtemps cru que la mer absorbe et recycle tout, loin des yeux de la terre, pas vu pas pris. Seuls ceux que rejette la mer sur les plages, trahissent l'étendue de l'invasion.

Que l'on ne s'y trompe pas : je me suis sentie autant coupable que victime. Qu'a-t-on fait à « ma p'tite mer » ? Comment en est-on collectivement arrivé là ? Ces déchets sont peut-être les miens, ceux qui ont échappé d'une poubelle trop pleine, et ont emprunté le chemin des rivières, des courants ou des vents. Et que vont-ils devenir ? Je vois bien qu'ils se fragmentent jusqu'à se confondre avec les grains de sable, jusqu'à être absorbés par la faune nous disent les chercheurs. Les ramasser comme je tente de le faire parfois n'est-il pas vain ? Comment œuvrer pour régler le problème à la source ? Faut-il affréter des navires pour collecter les déchets qui sillonnent les vortex océaniques avant qu'ils ne deviennent réellement des continents ? Ces questions, et bien d'autres encore, je les pose et les entends sans cesse aujourd'hui. Tout le monde se les pose, les enfants qui ont entendu parler d'un septième continent, comme les adultes à mesure qu'ils prennent conscience de la gravité des impacts potentiels. Cet ouvrage documenté, remarquablement pédagogique, répond enfin à toutes ces questions. Il est urgent de le lire. Merci aux auteurs que j'admirais déjà de nous donner ces clés pour comprendre.

Catherine Chabaud
Navigatrice, journaliste, membre du Conseil économique, social et environnemental (CESE)

Table des matières

Avant-propos

Symbole d'infini, de grandeur, de force, de voyages ou d'aventures, les océans et leur biodiversité ont atteint au cours des siècles le degré du sacré. Les îles et les rivages, les couleurs et leurs reflets, sont devenus un rêve quand les richesses ont apporté l'énergie, la nourriture mais aussi la culture. La mer est essentielle et quotidienne mais la mer est au bord de la terre... En quelques années de croissance exponentielle, de mondialisation et de croissance économique, la population mondiale a atteint le rythme actuel de 221 000 habitants de plus chaque jour. Cette population génère dans le monde des quantités de déchets considérables, entre 80 et 120 tonnes de déchets chaque seconde qui, souvent, finissent en mer.
Après des siècles d'abandon des déchets dans la nature, le problème est devenu essentiel avec le développement des villes et l'accroissement des ordures accumulées sur les voies publiques et générant puanteurs et maladies. Le développement du pavage au Moyen Âge, de dépotoirs appelés voiries au XVIIIe siècle, de fosses puis la mise en place de poubelles, du nom du préfet de l'époque en 1883, suivi par le développement d'égouts, de l'incinération et du recyclage, ont permis la prise en compte progressive du problème. Parallèlement, l'apparition de nouveaux matériaux et de nouvelles pratiques modifient les comportements et le devenir des déchets. Vers 1970, apparaissent les premières considérations liées aux déchets générés par le développement économique des sociétés

modernes. En 1972, la conférence de Stockholm ou 1er Sommet de la Terre place les problèmes écologiques au rang des préoccupations internationales et précise que : « Les rejets de matières toxiques ou d'autres matières (…) doivent être interrompus de façon à éviter que les écosystèmes ne subissent des dommages graves ou irréversibles… » et dans le principe 7, que : « Les États devront prendre toutes les mesures possibles pour empêcher la pollution des mers par des substances qui risquent de mettre en danger la santé de l'homme, de nuire aux ressources biologiques et à la vie des organismes marins, de porter atteinte aux agréments naturels ou de nuire à d'autres utilisations légitimes de la mer. » En Europe, la convention de Londres est adoptée avec pour objectif « la limitation de l'évacuation incontrôlée de détritus en mer susceptible de mettre en danger la santé humaine, les organismes marins, l'environnement maritime, ou pouvant interférer avec les autres activités maritimes. » À partir de cette période vont se développer les politiques de protection environnementale concernant directement ou indirectement les déchets en mer.

L'origine des déchets

1 Qu'appelle-t-on déchet en mer ou macro-déchet ?

Des amphores aux bouteilles de champagne, des bois morts aux planches travaillées par l'homme, de l'osier au plastique, de quelques microns aux épaves de navire, Jacques Prévert aurait apprécié de considérer des déchets marins dans un inventaire original, un dictionnaire pas si amoureux, un univers hétéroclite et varié. Ils sont en plastique, en verre ou en métal, en tissu ou en céramique, ils sont toute l'activité de l'homme. Difficile dès lors de trouver une définition qui englobe cet ensemble. Doit-on considérer les débris végétaux comme de vrais déchets si une partie est transportée naturellement à la mer ou peut-être issue de l'exploitation des forêts ou de l'entretien de jardins ? Doit-on inclure les déchets organiques, peaux de banane ou coquilles de noix ? Il est généralement considéré que les déchets flottants, échoués ou immergés, sont des déchets solides et visibles à l'œil nu. La démonstration récente de l'existence de produits de dégradation, de taille réduite et non visible, nécessite une définition adaptée. Parmi ces définitions nombreuses, issues des organisations non gouvernementales, institutions et les organisations internationales, celles de l'organisation des Nations unies pour l'environnement, l'UNEP et des experts de la Commission européenne caractérisent les déchets dans les milieux aquatiques continentaux et maritimes comme tout matériau ou objet fabriqué directement ou indirectement, volontairement ou involontairement jeté ou abandonné dans les milieux aquatiques. Ces définitions précisent également que sont exclus les éléments d'origine naturelle (végétation, algues, débris organiques divers, etc.) non transformés. Elles n'incluent pas les semi-solides comme les huiles minérales et végétales, les paraffines et les produits chimiques parfois échoués ou flottants.

Diversité des micro-particules en mer Méditerranée

La nature des déchets varie fortement selon que l'on considère les plages, la surface ou les fonds marins ou selon les activités d'une région. Les gestionnaires l'ont bien compris au point de considérer spécifiquement les types de déchets caractéristiques d'une zone, de pêche ou touristique par exemple, ou d'une activité, industrielle, agricole, portuaire ou urbaine. Ainsi, pour une définition globale, la diversité des activités, des lieux et des devenirs impose-t-elle de prendre en compte des particularités locales lorsqu'il s'agit de gérer le problème.

Selon la loi du 15 juillet 1975, est défini comme déchet « tout résidu d'un processus de production, de transformation ou d'utilisation, toute substance, matériau ou produit, ou plus généralement tout bien meuble abandonné ou que son détenteur destine à l'abandon. » Il n'a pas de marché connu et l'élimination a un coût pour le producteur. Un macro-déchet est un déchet macroscopique, c'est-à-dire dont la forme et l'aspect sont visibles à l'œil nu, contrairement aux micro-polluants.

Nos voisins anglophones utilisent pour les qualifier l'expression *Solid waste*, déchets solides, impliquant clairement qu'il ne s'agit pas de produits en solution. De fait, les macro-déchets peuvent être définis comme, des solides, insolubles et visibles à l'œil nu.

2 Pourquoi les déchets arrivent-ils à la mer ?

Outre les activités maritimes, toutes les activités humaines, qu'elles soient localisées sur le littoral ou non, produisent des déchets qui sont susceptibles d'être entraînés vers le littoral, s'ils sont jetés de manière inappropriée. À titre d'exemple, les déchets domestiques (jetés à terre dans les rues) peuvent être retrouvés sur la côte par l'intermédiaire des caniveaux, des égouts et des cours d'eau, notamment en période de forte pluie. De la même manière, les déchets des décharges en bord de mer et de cours d'eau arrivent en mer à l'occasion d'une tempête ou d'une crue.

En Europe, les berges des rivières et des fleuves représentent un linéaire de deux millions de kilomètres pour seulement 100 000 kilomètres de côtes. Ces rivières et fleuves drainent les rejets de l'ensemble des activités continentales susceptibles d'affecter le milieu marin.

D'après le ministère de l'Environnement, les usagers des plages (baigneurs, promeneurs, pique-niqueurs, amateurs de sports aquatiques) produisent en moyenne, dans le cadre de cet usage, un litre de déchets par personne et par jour. Certains sont abandonnés et se retrouvent rapidement dans le sable ou

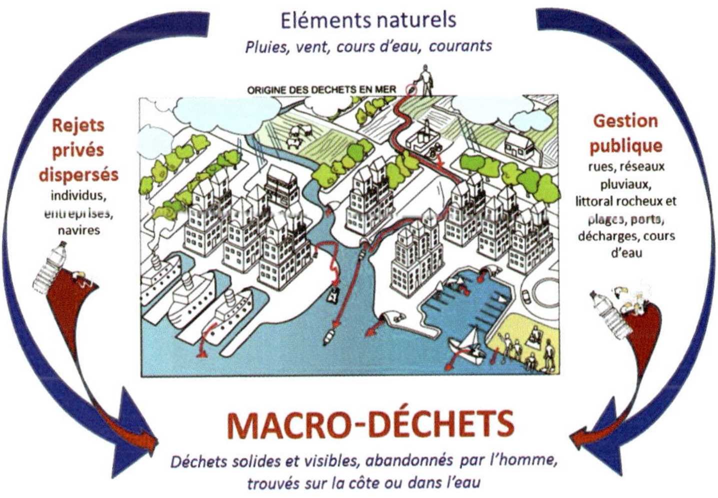

Le problème des déchets en mer est en grande partie lié au déséquilibre entre des sources terrestres ou maritimes, diffuses et peu contrôlables, et des mesures de gestion parfois difficiles à mettre en œuvre.

en mer. Ce sont principalement des papiers gras, emballages alimentaires, restes d'aliments, des bouteilles ou canettes, des mégots et paquets de cigarettes, des papiers, des crèmes solaires, voire des vêtements. Les décharges sauvages, notamment celles situées sur le littoral et à proximité des cours d'eau, constituent une importante source d'apports de déchets dans les rivières et sur le rivage. Même si la mise en place de déchetteries et de centres de retraitement a amélioré la situation, il reste quelques zones où s'accumulent des objets domestiques, allant du lave-linge au véhicule hors d'usage, en passant par les ordures ménagères et les produits toxiques.
La convention MARPOL interdit l'évacuation dans la mer de tous les objets en matière plastique, y compris les cordages et les filets de pêche en fibre synthétique ainsi que les sacs à ordures en matière plastique. Elle demande également une évacuation au large des ordures ménagères (matières plastiques exemptées) et précise l'interdiction de rejets à moins de 12 milles des côtes. L'activité portuaire génère également des quantités importantes de déchets de toutes sortes. Ces déchets proviennent de pertes lors de la manutention des cargaisons sur les quais et les navires, des activités de pêche, de l'entretien des bateaux sur les aires de carénage, mais aussi de l'abandon d'ordures ménagères. Il reste cependant encore

Si les apports terrestres représentent jusqu à 80 % des apports de déchets à la mer, les fleuves et rivières en sont les vecteurs les plus importants

beaucoup à faire pour limiter les rejets en mer et pour que tous les ports français développent et facilitent l'accès à des installations de collecte. De même, le contrôle portuaire des navires reste limité et doit être complété par un contrôle en mer plus difficilement réalisable, notamment la nuit.
La pêche et la conchyliculture sont générateurs de déchets qui finissent souvent par échouer sur les plages (cordages, casiers, bouées, filets, polystyrène, bidons, sangles et poches à huîtres, filets de bouchots...). La proportion de ce type de déchets peut être majoritaire dans les zones de pêche et sur certaines plages, notamment les cordages enchevêtrés. Les plaisanciers sont également responsables de rejets à la mer mais dans une moindre mesure.
Les déchets d'origine naturelle, bois flottés et non travaillés, font partie du fonctionnement normal de l'écosystème. Ils doivent être cependant pris en compte dans l'évaluation des impacts économiques car ils peuvent constituer une gêne pour les communes littorales lorsqu'ils s'échouent en grande quantité ou pour la navigation où ils agissent comme obstacles. C'est le cas par exemple à la suite d'orages et de crues, notamment dans les sites non entretenus.
Les macro-déchets en mer peuvent, par leur dégradation, être la source de déchets de petite taille, aux conséquences parfois plus importantes. Ces produits de dégradation ont des propriétés en mer, un devenir et des effets très différents des produits d'origine. À terme, ils constituent des micro-particules, le plus souvent de plastique, qui représentent un aspect très important du problème des déchets en mer.

3 Les rejets sauvages sont-ils inévitables ?

Les rejets de déchets ne sont pas nécessairement sauvages mais ils le deviennent par l'incivisme de ceux qui les rejettent, et aux coûts élevés de leur élimination. Tous les riverains sont d'accord : les berges des fleuves et rivières sont belles et inspirent le calme. C'était un fait il y a bien longtemps. Nous en avons hélas souvent fait des lieux de décharges qui reçoivent maintenant tous les déchets. Avec le temps, ces berges ont accumulé les déchets laissant apparaître de drôles d'« arbres de Noël » en période d'étiage. Dissimulés sous la végétation, parfois depuis des années dans le sol, amassés en dépôts ou clairsemés le long des rives non endiguées, les déchets des grands fleuves représentent des volumes de plusieurs dizaines de milliers de tonnes ou mètres cubes. À titre d'exemple, le volume de déchets estimé en 1997 sur 58 kilomètres de rivages naturels de la Seine normande était de 30 000 mètres cubes ou 9 000 tonnes, soit la production annuelle de déchets ménagers d'une ville de 20 000 habitants[1]. La part des phénomènes physiques en cause et l'origine géographique, en particulier la part d'origine fluviale, dans les apports sur les berges et dans les estuaires est mal connue. Elle résulte de la conjugaison de facteurs climatologiques et morphologiques, des courants locaux, des débits et des apports. Ces déchets sont parfois une gêne pour l'exploitation des ouvrages en raison des embâcles ou apports massifs de déchets naturels. Toujours pour l'exemple, la Seine normande reçoit de l'amont, dont l'Île-de-France, 800 tonnes de déchets par an[2]. Les apports directs et diffus par dépôt volontaire ou non sont également importants.

Les rejets sauvages sont évitables grâce à l'utilisation des systèmes de récupération des déchets par les usagers et à la bonne gestion des collectivités

L'impact au niveau des estuaires est très différent selon le débit des fleuves. Dans le cas de grands fleuves, l'intensité des flux et le fort débit limitent les dépôts sur les berges, à l'exception des zones de faible courant. Pour les petits fleuves et les rivières, le transport au large est limité aux fortes crues, parfois accidentelles, qui « nettoient » les berges. En régime normal, les déchets s'accumulent donc sur les berges. La pluviosité est également un facteur conséquent, provoquant des apports massifs ponctuels en raison des débits augmentés mais aussi des apports importants au niveau des stations d'épuration, souvent obligées de déverser sans traitement les apports au-delà de leurs capacités. Dernier facteur fondamental, celui des estuaires soumis aux grandes marées occasionnant des remontées en amont avec de faibles débits, favorables aux échouages des déchets.

1 http://www.seinequejaime.fr/dechets-ouvrons-les-yeux.htm.
2 http://www.michel-lerond.com/article-que-dis-je-c-est-un-fleuve-c-est-un-ocean-51019753.html.

Identifier les sources de la plupart des déchets en mer est une chose difficile car leur point d'entrée est souvent diffus, à terre ou en mer, leur devenir influencé par les courants, leur traçage complexe. La caractérisation la plus simple des origines différencie les apports terrestres ou océaniques.

Les déchets sont transportés à la mer, directement ou indirectement, par les rivières et les fleuves, par les eaux non-traitées ou lors d'évènements extrêmes comme les crues. L'origine terrestre des déchets inclut les sources diffuses comme le ruissellement et les apports directs par les personnes. Mais ce sont surtout les activités économiques telles que le tourisme, l'industrie, l'activité urbaine et portuaire, ainsi que les décharges, qui en constituent les principales sources.

Les sources océaniques incluent les navires marchands et de croisière, les ferries, les bateaux de plaisance et de pêche, les navires militaires ou de recherche, les installations offshore comme les plate-formes de forage ou de production, et les installations aquacoles. D'une manière générale, les déchets marins sont majoritairement d'origine maritime en Atlantique, et terrestre en Méditerranée. L'examen des déchets ingérés par les organismes marins a permis de montrer l'importance des déchets issus de la consommation. Dans la mer du Nord, 90 % des débris sont des emballages en plastique, sacs ou bouteilles, issus des pratiques de consommation courante. Les déchets d'origine industrielle ne représentent que 10 % des apports, et sont principalement constitués de granulés plastiques.

L'étude des catégories de déchets trouvés en mer permet de caractériser des déchets typiques d'une source ou d'une pression environnementale. Certains sont représentatifs d'une source unique et rendent

Vous avez dit déchets ? quels déchets ?

Inventaire des déchets réalisé en 2013 sur 100 mètres d'une berge entièrement nettoyée un an auparavant, située à 80 kilomètres en amont de l'estuaire de la Seine :

- 139 bouteilles en plastique et
- 20 bouteilles en verre
- 1 654 capsules et bouchons en polyéthylène
- 2 681 emballages alimentaires ou de confiserie
- 89 gobelets et 254 pailles
- 900 bâtons de sucettes
- 91 briquets et 189 stylos
- 193 jouets en plastique
- 19 balles de tennis en caoutchouc
- 11 ballons de baudruche
- 2 980 cotons-tiges
- 204 médicaments dont 100 unidoses
- 71 seringues ou aiguilles (dont stylos à insuline)
- 85 applicateurs de tampons et 24 préservatifs
- ....et plus de 5 000 morceaux de plastique d'origines inconnues !

Source : SOS Mal de Seine 2013-Ospar

possible l'élaboration de mesures de prévention ainsi qu'une collecte avant leur arrivée en mer. Les déchets issus de la pêche ou du tourisme sont les plus caractéristiques. Dans le cas du tourisme, l'accroissement des quantités de déchets dans les communes situées près des plages de Méditerranée est évalué à 10 ou 15 % avec, en période estivale, une augmentation de 75 % du volume total. Les granulés de micro-plastique, issus d'accidents de transport ou de rejets, sont également caractéristiques de mauvaises pratiques et d'un manque de traçabilité. La solution du marquage des emballages ou des produits manufacturés a été envisagée mais son extension à l'échelle globale reste difficile et chère. Elle permettrait cependant de tracer ces déchets afin d'identifier les causes principales.

4 Comment les déchets gagnent-ils le fond des mers ?

L'évaluation des sources de déchets au fond des mers provient le plus souvent d'études menées sur les fonds marins. L'analyse de ce type de données montre l'importance des facteurs externes tant sur la répartition que sur les apports de ces déchets. Les courants, le relief et les activités humaines sont des facteurs déterminants sur l'accumulation des déchets sur les fonds. La proximité des grandes villes explique aussi leur présence dans les profondeurs. Transportés par les réseaux pluviaux, et jetés par les usagers des activités liées à la mer, les déchets sont concentrés là où les courants les déposent et où le relief les piège. Les zones de pêche, et certaines lignes de transport maritime, sont des sources inévitables de déchets : engins de pêche, conteneurs mais aussi déchets rejetés par les passagers sur les lignes de ferries. Les pratiques ont certes évolué ces dernières années ; elles expliquent encore la présence de zones favorables à l'accumulation. Les fleuves modulent les apports en emmenant au large la plupart des déchets, parfois à des centaines de kilomètres. Pour les petits fleuves côtiers, les débits trop faibles ne permettent pas ce transport et favorisent une accumulation sur le littoral adjacent.

Les travaux scientifiques récents dans le golfe du Lion ont montré des phénomènes de *cascading* entraînant des volumes considérables de sédiments dans les canyons littoraux, et par la même occasion, les déchets de toutes les zones adjacentes. Ces transports en profondeur sont importants en raison de l'existence de courants de forte densité, de courant hyperpycnaux (de forte salinité), et de courants de turbidité, voire d'avalanche, pouvant entraîner les déchets littoraux en profondeur vers les zones de forte sédimentation. Ces zones d'accumulation peuvent se situer à de longues distances des estuaires. Dans le Var, la zone de sédimentation se situe à plus de 150 kilomètres au large. Dans le Mississippi, les travaux scientifiques ont montré l'extension des apports jusqu'en profondeur dans la partie occidentale du golfe du Mexique, à quelques centaines de kilomètres.

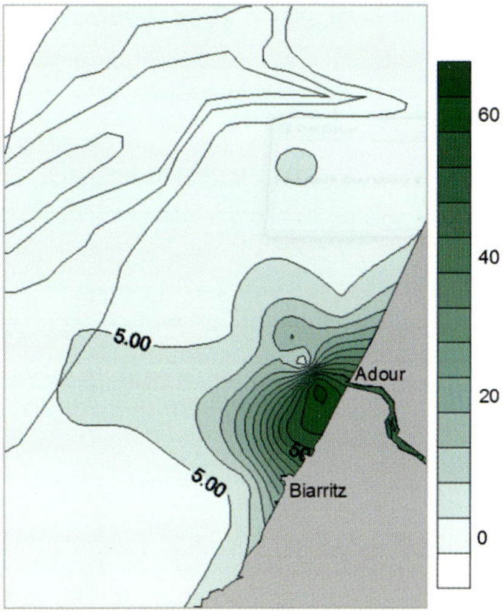

Dispersion des déchets sur les fonds marins aux abords de l'Adour (Pays basque)

Outre les granulés industriels, les micro-particules en mer, de taille inférieure à 5 millimètres, sont, elles, principalement issues de l'abrasion et de la dégradation. Celle-ci est favorisée par la lumière et l'oxygène. Les travaux récents visent à caractériser ces micro-particules et leurs sources. Les fibres textiles issues des cycles de machines à laver constituent une source clairement identifiée avec des apports de quantités significatives à la mer. L'Unesco estime que les rejets d'eaux purifiées des stations d'épuration constituent une source importante de micro-plastiques.

5 Des phénomènes naturels sources de déchets ?

Le tsunami de Fukushima est l'exemple le plus représentatif et le plus récent d'apports massifs et accidentels de déchets liés à des phénomènes naturels. Autour de cet évènement, environ 100 millions de tonnes de déchets sont arrivés à la mer et l'on estime qu'environ 5 millions de tonnes de ces déchets ont dérivé en surface vers les zones de convergence et les côtes orientales de l'océan Pacifique. Ces évènements sont en réalité plus fréquents qu'on ne le pense et le fait de causes diverses. Les tremblements de terre comme en Haïti en 2010, les ouragans comme *Katrina* (75 millions de mètres cubes de

Après la crue, le déluge de déchets... Indonésie

déchets), peuvent également constituer une source conséquente de déchets dans le milieu naturel et en grande partie à la mer. Ces apports conséquents provoquent des dérèglements du fonctionnement des écosystèmes.
Les fleuves constituent l'une des sources principales de déchets à la mer. Ce phénomène existe également dans le cas des rivières littorales et affecte les zones adjacentes. À plus

Quantités de déchets générés lors de désastres récents dans des zones côtières

Année	Évènement	Lieu	Quantités de déchets (en Mt)
1995	Tremblement de terre	Kobe (Japon)	15
1999	Tremblement de terre	Mer de Marmara (Turquie)	13
2004	Ouragan	Charley (États-Unis)	2
2004	Tsunami	Océan Indien (Indonésie)	10
2004	Ouragan	Floride (États-Unis)	3
2005	Ouragan	Katrina (États-Unis)	76
2010	Tremblement de terre	Haïti	23-60
2011	Tsunami	Fukushima (Japon)	100

grande échelle, les crues saisonnières, parfois extrêmes, sont responsables d'apports ponctuels conséquents. Ceux-ci sont liés au débit qui, dans le cas de crues importantes, modifie considérablement le régime hydrodynamique et les volumes de déchets associés. Ces déchets sont alors repris par la circulation générale et peuvent être transportés massivement en surface ou vers les fonds océaniques selon leur densité.

6 Y a-t-il des risques d'apports de déchets accidentels ?

L'accident le plus spectaculaire est celui de la décharge municipale de Bens (La Corogne, Espagne) en 1996. Dans ce cas, environ 100 000 tonnes de déchets se sont effondrées sur un village littoral de pêcheurs nécessitant des interventions d'urgence. Des arrivées de plusieurs milliers de tonnes de déchets ont été observées à la mer. Si une grande partie a coulé rapidement, les suivis mis en place par l'Institut océanographique espagnol ont montré une dérive d'une partie de ces déchets et leur transport par le courant orienté à l'est, provoquant ainsi leur dispersion dans le sud du golfe de Gascogne. De la même manière, en 1987, la « marée de seringues » a été le nom donné à une vague de déchets médicaux échoués sur 80 kilomètres de côtes de l'État du New Jersey après avoir été perdu par l'immense décharge de New York à Staten Island. La ville de New York a dû payer un million de dollars pour aider à la dépollution.

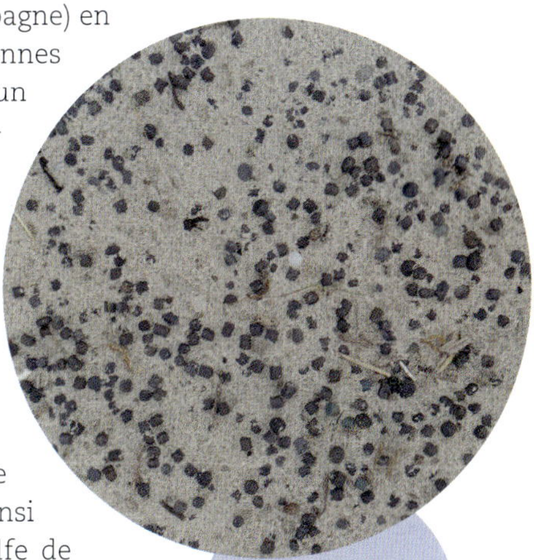

Perte accidentelle de granulés plastiques industriels sur les plages de la Côte d'Opale

Dès lors, les risques d'apports massifs existent dans le cas de toutes les décharges littorales en cas de glissement de terrain. Il peut arriver aussi que l'érosion marine fasse chuter des déchets déposés à proximité d'une falaise ou fasse réapparaître d'anciennes décharges ayant été « traitées » hâtivement par un simple remblaiement du site. L'érosion peut donc être un facteur aggravant de l'arrivée des déchets sur le rivage. Si ces apports n'ont pas l'ampleur de ceux d'un tsunami, les conséquences, locales restent importantes. Ainsi, récemment, sur une plage d'Oléron, ont ressurgi des déchets issus de l'enfouissement de milliers de tonnes d'ordures ménagères des années 1970.

Les accidents liés aux transports maritimes constituent l'une des sources majeures de déchets. Les exemples sont nombreux et concernent toutes les régions du globe. Dans les eaux européennes, les exemples d'apports sont nombreux : bâtons de dynamite sur les côtes d'Aquitaine en 1993, obligeant à une interdiction d'accès des plages pendant plusieurs semaines, perte d'un conteneur rempli de sachets d'insecticides en Manche, en décembre 1993, sont des exemples récents bien connus. La circulation océanique joue alors un rôle important dans le transport de ces déchets vers des zones plus sensibles telles que les plages ou les baies fermées. En cas de naufrage, les risques d'apports massifs sont également importants. Dans le cas du paquebot *Concordia*, échoué en 2011 dans l'île de Giglio en Toscane, les déchets et objets provenant du navire ont constitué un risque important et ont mobilisé les organismes de surveillance pendant de longs mois. Si les principales voies maritimes sont les plus affectées, les zones portuaires peuvent être une source et une destination principale. L'exemple récent d'apports accidentels de 150 tonnes de granulés plastiques industriels sur les plages de Hong Kong le 24 juillet 2012 suite à une perte de conteneurs démontre les risques associés au transport des matières premières toujours pas maîtrisé. Dans le cas de cet accident, aucune opération de nettoyage n'a été entreprise par le gouvernement.

7 Les conteneurs tombés à la mer sont-ils des déchets ?

L'apparition des conteneurs, il y a une quarantaine d'années, fut très certainement l'évènement qui a le plus bouleversé le monde du transport maritime. À l'heure où près de 80 % des échanges mondiaux ont lieu par voie maritime, la plupart d'entre eux se font par ces conteneurs chargés sur des navires spécialisés de plus en plus grands où le nombre de « boîtes » se compte maintenant par dizaine de milliers.

Actuellement, le nombre de conteneurs transportés chaque année sur les différentes routes maritimes du globe est d'environ 200 millions. Nul ne connaît le nombre exact de conteneurs perdus en route, mal arrimés et emportés par une vague, ou naufragés avec leur navire. Dix mille par an est une estimation fréquemment avancée, mais les bases de données des déclarations suggèrent un nombre moins élevé. Ce chiffre reste inquiétant quand on sait qu'un conteneur perdu sur trois va continuer à flotter (de quelques semaines à 3 mois en moyenne) avant de couler. Il y aurait ainsi environ 2 500 conteneurs qui se promènent en même temps sur les océans du globe, et plus particulièrement, à proximité des voies de navigation les plus fréquentées.

Les facteurs les plus couramment répertoriés sont liés à de mauvais arrimages, à des problèmes de saisissement sur les ponts des navires et au non-respect des réglementations en vigueur : hauteurs trop importantes des piles de « boîtes », charges excessives en raison de la minoration des déclarations de poids, vétusté des verrous... Ces facteurs deviennent prépondérants en cas de mauvais temps, le vent violent étant

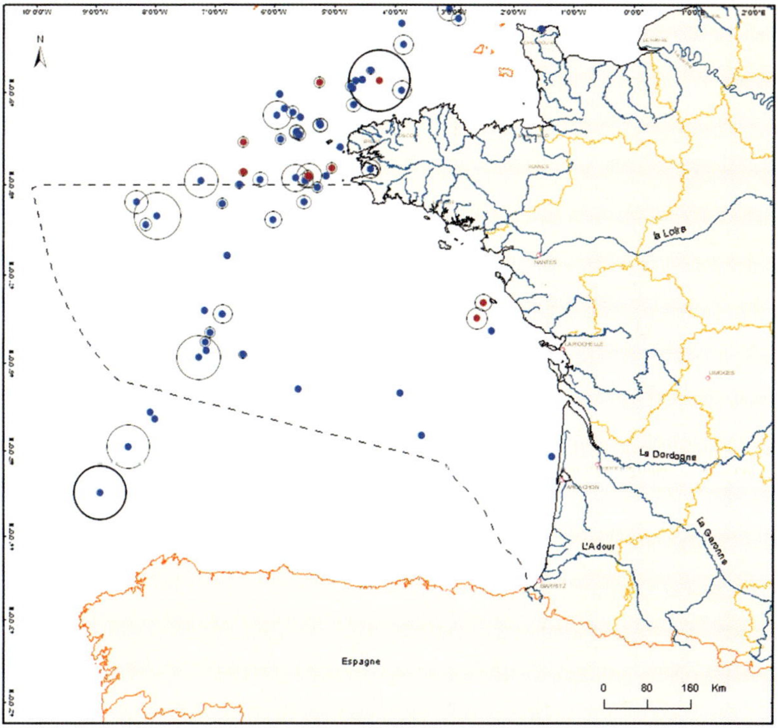

Répartition des pertes de conteneurs dans le golfe de Gascogne entre 1992 et 2008. Toutes les pertes de conteneurs n'étant pas déclarées ni observées, les données sont sous-estimées. (Rapport d'évaluation initiale DCSMM, données *Cedre*, 1 cm = 100 conteneurs ● positions réelles ou ● estimées)

capable d'exercer une force de plus de 3 tonnes sur un conteneur de 40 pieds, soit une force de plus de 20 tonnes sur une pile de 7 conteneurs. Dans les cas les plus extrêmes, ce sont des pans entiers de conteneurs qui basculent et tombent à la mer. Dans une moindre mesure, le rejet volontaire de cargaisons par-dessus bord pour sauver un navire en danger, décidé par un capitaine ou un armement, est une source possible de chute afin de réduire les risques associés à la gîte d'un navire.

Si la hantise des marins a été pendant plusieurs siècles de croiser sur son chemin une baleine ou un cachalot, la principale crainte actuelle des marins est la rencontre avec une « boîte » égarée sur une route maritime généralement très fréquentée... Plus de 90 % des conteneurs qui se retrouvent en mer sont voués à couler. S'ils coulent, il y a un risque de croche pour les bateaux de pêche. Dans de nombreux cas, il y a en plus un risque de pollution selon la nature des produits contenus.

La perte de conteneurs en mer par des navires dans les eaux européennes génère de coûteuses et difficiles opérations de recherche et de récupération pour les autorités. Les conteneurs déclarés perdus sont très concentrés sur les routes de navires, surtout à la pointe de la Bretagne qui correspond à l'entrée du long rail du transport maritime sur le plateau celtique et dans la Manche. En revanche, les plus grosses quantités de conteneurs perdus se situent plutôt sur les routes maritimes océaniques où les conditions météorologiques de navigation peuvent être plus difficiles.

Le projet européen *Lostcont*

Face au problème croissant des pertes de conteneurs en mer, le projet européen *Lostcont* (réponse au problème des conteneurs perdus par les navires dans le golfe de Gascogne et ses approches) a permis d'évaluer les conséquences des accidents passés et des pertes de conteneurs entre 1992 et 2008. Un historique a été dressé, ont été analysé également les causes, les conséquences et les réponses possibles. Cent cinquante accidents, impliquant la chute en mer de 1 251 conteneurs, ont été répertoriés : 90 accidents et 1 072 conteneurs pour la zone française, 72 accidents et 306 conteneurs pour la zone espagnole.

Ces travaux ont aussi permis de recueillir des informations utiles au projet dans le cadre d'accidents dans la zone. Des essais de conteneur à la dérive ont été effectués afin de mettre en place un système de suivi satellitaire d'un conteneur perdu en mer par les systèmes ARGOS et AIS. Il s'agissait par ce biais de participer à l'amélioration des modèles de dérive et de réaliser une étude du comportement d'un conteneur perdu en mer.

8 Que sont les filets « fantômes » ?

S'il y a des déchets bien réels, ce sont ce que les spécialistes appellent les filets « fantômes » ou *ghost nets*, équipements de pêche abandonnés ou perdus qui continuent parfois à pêcher. Ils ont des répercussions sur les stocks d'organismes marins et peuvent provoquer des accidents de navigation.
La FAO (Organisation pour l'Alimentation et l'Agriculture) et l'Organisation des Nations unies pour l'Environnement, mentionnent dans leurs rapports un nombre considérable d'équipements de pêche perdus ou abandonnés par les pêcheurs. Ces impacts se multiplient en raison de l'augmentation des

Tortue de mer prise au piège d'un filet abandonné, Martinique

Phoque étranglé dans un filet perdu, Midway

activités de pêche et de la généralisation des matériaux synthétiques résistants. Ces équipements sont constitués essentiellement de filets maillants, de nasses mais aussi de palangres. Ils représenteraient 10 % des apports annuels à la mer, soit environ 600 000 tonnes. En général, leur présence n'est pas volontaire mais le fait de pertes, causées soit par le mauvais temps soit par l'emmêlement des filets sur les fonds. Il en résulte des captures accidentelles, notamment de poissons mais également de tortues, cétacés, requins. Il est admis que l'étranglement des espèces protégées dans les filets est une cause de mortalité plus importante que l'ingestion directe de déchets. L'altération des fonds marins a par ailleurs été démontrée, de même que des dangers pour la navigation, voire pour la baignade.

Les filets, les nasses et les pièges à poissons sont les principaux engins de pêche qui contribuent à la pêche fantôme de grands organismes, alors que les palangres sont, elles, susceptibles de piéger les autres organismes, tels que les invertébrés, et d'endommager l'habitat sous-marin. Dans le passé, les filets dérivants étaient les principaux engins concernés, mais l'interdiction en 1992 d'utiliser ces filets a réduit leur contribution à la pêche fantôme. Aujourd'hui, les filets maillants en sont la principale cause en raison de leur taille (de quelques

Pertes annuelles d'engins de pêche (valeurs moyennes)		
Lieu de pêche	**Type d'engins de pêche**	**Pertes par an**
Mer du Nord	Filets sur les fonds	0,9 %
Manche (France)	Filets maillants	11 %
Méditerranée	Filets maillants	3,2 %
Golfe Persique	Pièges	20 %
Océan Indien (Maldives)	Palangres *(Longlines)*	3 %
Australie (Queensland)	Casiers à crustacés	35 pièges/an/bateau
Pacifique (Bristol Bay)	Casiers à crustacés	7 000-31 000 pièges/an
Newfoundland (Canada)	Filets à morue	5 000/an
Estuaire du Saint-Laurent	Casiers à crustacés	2 %
Caraïbes (Guadeloupe)	Casiers	20 000/an

D'après l'Unep, (http://unep.org/stap, 2011).

centaines de mètres à 10 000 mètres) et de leur hauteur (plusieurs mètres). Les pièges et les nasses sont également dangereux. Dans certaines zones de pêche, les nasses perdues représentent des dizaines de milliers de pièges et peuvent pêcher pendant des nombreuses années, notamment les crabes. À titre d'exemple, les autorités norvégiennes ont collecté environ 500 filets abandonnés par an depuis 1983 avec un maximum de 1 200 en 1992. Ces quantités sont probablement largement sous-estimées, malgré une déclaration de perte rendue obligatoire en 1989.

Les solutions proposées à ce problème de fond se basent sur l'information des pêcheurs, la prévention, la mise en place de pratiques de marquage et de récupération adaptées, et la collecte des filets et nasses abandonnés. Ces pratiques sont indispensables pour la gestion durable des pêches et de l'environnement, même si certaines régions n'intègrent pas les comportements les plus adaptés. Les systèmes de primes, le marquage des équipements, les nouveaux matériaux à présent dégradables, la connaissance approfondie des météorologies locales ou l'équipement des filets en GPS sont autant de solutions pour améliorer la gestion de ces filets. La plupart des ports ne disposent pas actuellement d'installations adéquates pour prendre en charge la collecte et l'élimination des équipements de pêche obsolètes. Le développement d'infrastructures à terre permettra dans l'avenir de limiter l'abandon des engins de pêche en mer et leurs conséquences fâcheuses sur la vie marine.

Nombre d'autres organisations internationales, comme l'Organisation maritime internationale (OMI) au travers de MARPOL ou le Conseil pour l'exploration des mers (CIEM) portent une attention particulière au problème des filets « fantômes ». Les directives européennes sur la pêche durable — notamment la directive 356/2005 — et les institutions régionales, ont mis en place des pratiques en vue de limiter les risques.

9 Les sirènes versent-elles des larmes ?

Cette description mythologique, très poétique, désignait les précieuses perles de nacre et les verres de mer. Ces derniers trahissaient déjà la présence d'une décharge côtière. Les morceaux de verre cassé, multicolores, érodés par le ressac des vagues, prenaient des allures de joyaux translucides, en forme de gouttelettes. Aujourd'hui, cette belle métaphore englobe les perles de plastique qui se retrouvent sur toutes les mers du globe !

Ces petites billes sont en réalité des produits de synthèse industriels, la matière plastique que les chimistes produisent sous forme de granulés pour la fabrication d'objets plastiques. D'environ un demi-centimètre de diamètre, de formes et de couleurs variées, ces granulés se confondent bien souvent avec le sable du littoral.

Malheureusement, on relève des pertes lors de leur production, de leur transport, de leur distribution, voire de leur utilisation finale. Ils deviennent alors des déchets avant même d'avoir été utilisés.

Granulés de plastique industriels ou « larmes de sirène » collectés sur une plage d'Aquitaine

Un drame ? Souvent très légères, ces petites billes flottent et voyagent au fil de l'eau. Des fossés aux égouts, des rivières à la mer, elles finiront sur les berges et les plages, dans la laisse de mer, voire les ports de plaisance, ou bien encore dans les bassins portuaires et industriels. Elles seront piégées dans le sable, les galets, les enrochements, parmi les végétaux et autres déchets marins.

Parfois très localisée, cette pollution peut s'accumuler sur des centaines de mètres, souvent sur une faible largeur selon la morphologie et la nature du site, les courants et les marées ainsi que les conditions météorologiques. Elle se cantonne près des zones industrielles mais aussi dans des lieux improbables comme des réserves naturelles et des îles lointaines.

Ces marées ne sont pas noires comme pour le pétrole, ni rouges toxiques ou vertes comme pour les algues mais blanches ou multicolores comme le plastique. La présence de ces indésirables sur le littoral est connue depuis les années 1970, leurs quantités ont augmenté en même temps que la demande mondiale en matières plastiques. Leur ramassage étant impossible, la protection de l'environnement doit se réaliser le plus en amont possible avec une rationalisation des circuits de distribution et une prévention des risques accidentels. Aux

États-Unis, suite à une initiative des industriels en 1986, relayée par l'Agence de protection de l'environnement depuis 1992, toutes les pertes de granulés sont recherchées, à toutes les étapes du cycle de vie du produit : dans les usines de production et de transformation ou dans les transports routier, ferroviaire ou maritime. Les contenants utilisés ont été pointés du doigt, notamment les emballages en carton et en plastique souple, bien trop fragiles. Le détournement de ces matériaux pour des utilisations autres, comme le déplacement de charges lourdes, le micro-billage, le rembourrage, la filtration, l'absorption antipollution, la fabrication de sols équestres ou de granulés insecticides, complète les pertes industrielles.
En France, le Grenelle de l'environnement puis le Grenelle de la mer ont recommandé une surveillance réglementaire analogue et un renforcement de la formation des professionnels. Depuis 2011, pour des raisons environnementales mais aussi parce que la perte de granulés est une perte d'argent et de notoriété, les industriels ont pris position dans une déclaration commune qui vise à « maîtriser le transport et la distribution des granulés et produits plastiques à ses clients et promouvoir les bonnes pratiques tout au long de la chaîne logistique. »
Il aura donc fallu de nombreuses années pour cette prise de conscience. On ne verra peut-être plus les sirènes pleurer ?

10 Quel cycle pour les déchets en mer ?

La biogéochimie étudie les flux d'un polluant dans tous les compartiments du milieu naturel. Elle s'appuie sur des informations concernant les sources, les apports, le devenir, la partition et les effets. Ces renseignements permettent de connaître le cycle de vie d'un déchet en mer. La diversité des formes, des composants et des propriétés des déchets complique la compréhension de leur devenir. À chaque type de déchet, un cycle différent.
En dehors de rares études très localisées, nous ne disposons d'aucun détail sur ces flux, d'aucune évaluation précise sur les quantités d'apports plastiques à la mer. Les chiffres connus font état de quelques dizaines de milliers de mètres cubes par an pour les grands fleuves français. Si les plastiques représentent la majorité des déchets en mer, la diversité des polymères qui constituent ces plastiques rend l'évaluation des cycles plus complexe. Les polychlorures de vinyle ont une densité

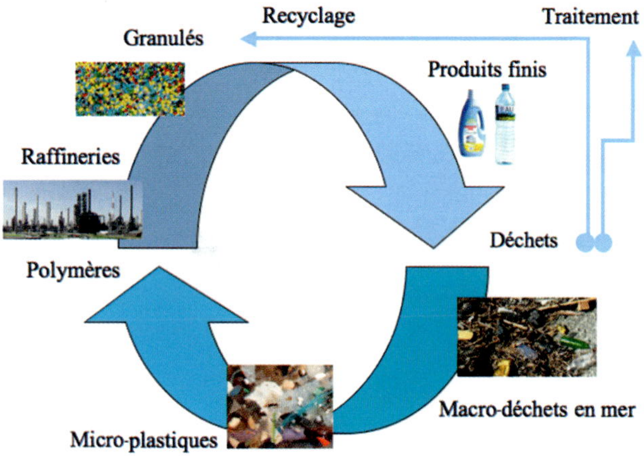

Naissance, vie et mort du plastique. Cycle simplifié des déchets en mer

supérieure à celle de l'eau de mer et coulent immédiatement alors que les micro-débris de polyéthylène, de faible densité, restent en surface et constituent des proies privilégiées pour le plancton. La compréhension des interactions avec le monde vivant dépend donc de la nature du déchet.

Sous l'action du soleil et de l'érosion mécanique, la dégradation des déchets en plastique aboutit en mer à la formation de micro-plastiques, le plus souvent flottants. Ces micro-plastiques sont ingérés soit par filtration passive par les organismes du plancton, soit par ingestion passive de certaines espèces de poissons, soit par prise active par les oiseaux attirés par leur couleur et leur forme. Outre l'occlusion et les phénomènes d'accumulation chez certaines espèces d'oiseaux susceptibles de ne pas les régurgiter, ces déchets ne sont pas dégradés lors de la digestion. Ils séjournent quelques jours dans l'estomac avant leur excrétion et ne sont donc pas ou faiblement transmis dans les réseaux trophiques. Les flux sont très variables avec un transfert important de la surface vers les oiseaux ou le plancton. À titre d'exemple, une seule espèce d'oiseau dans une zone comme la mer du Nord peut, par ingestion, exporter de la surface des eaux jusqu'à 5 000 tonnes de micro-plastiques par an. Des flux de moindre envergure de la surface ou du plancton vers certaines espèces de poissons ont été décrits. Les myctophydés, qui peuvent venir en surface la nuit, sont des espèces particulièrement concernées.

Pour les autres espèces, les taux d'ingestion sont variables et restent inférieurs à 0,1 %. Certaines espèces du benthos, vivant

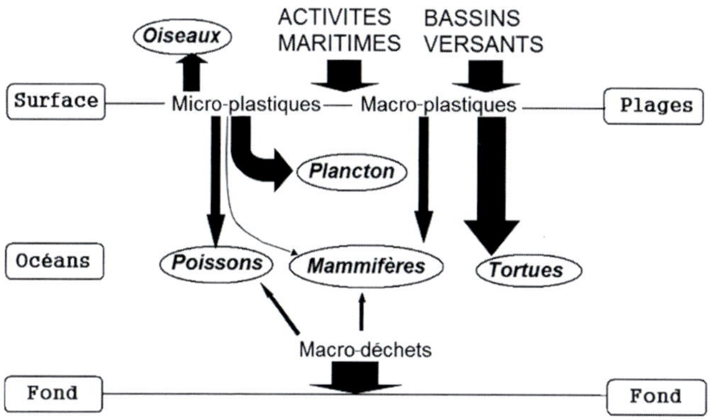

Interactions entre les organismes marins et l'ingestion des déchets

sur le fond, sont également affectées du fait de leur régime alimentaire. Les moules, pouvant filtrer des tonnes d'eau en quelques jours, et les langoustines peuvent retenir des micro-plastiques dans leurs estomacs. Tout récemment, des scientifiques ont montré l'ingestion de micro-plastiques en pleine eau par les cétacés, au travers de leurs fanons.

Le cycle des déchets de grande taille est quelque peu différent. En sub-surface, ou coulant sur le fond, ils ne sont ingérés que par certains grands organismes. Les tortues et les phoques sont particulièrement touchés alors que les taux d'ingestion par les grands cétacés restent limités (moins de 1 %). Sont affectés principalement les grands plongeurs tels les cachalots.

Ainsi, selon la nature, la taille, les milieux et les compartiments biologiques, les flux de transferts dans le cycle des déchets restent mal connus et laissent entrevoir de bien curieuses découvertes.

11 La société de consommation génère-t-elle de plus en plus de déchets ?

L'évolution de la production de déchets est en lien direct avec celle de la population, de l'industrie, des produits de consommation, des modes de vie et des habitudes alimentaires. La population est en constante augmentation. Au niveau mondial, elle est passée de 1,7 milliard en 1900 à 7 milliards en 2012. En France, elle est passée de 46,5 millions en 1960, à 65,6 millions d'habitants en 2012.

Notre modèle de développement socio-économique et la diminution de la taille des foyers engendrent une production croissante d'objets de consommation en tous genres. La créativité des designers et concepteurs de nouveaux produits est facilitée par les capacités de la pétrochimie à offrir un panel de matériaux tous les jours plus variés et performants, imputrescibles, malléables et résistants comme les plastiques et les résines. Il s'agit de séduire le consommateur pour qu'il augmente en permanence ses parts de marché. La tendance est à la réduction des emballages et au développement des portions. Des produits complexes légers et résistants, répondant aux besoins de nos modes de vie « nomades » sont ainsi fabriqués à partir des matières premières fossiles. Notre société, appelée « société marchande » ou « société de consommation », est devenue l'ère du synthétique. Certains même allant jusqu'à parler d'une « jungle de produits synthétiques » ! En quarante ans, la production française de déchets par an et par habitant a doublé. Elle est ainsi passée de 170 kilogrammes en 1960 à 374 kilogrammes en 2009, en raison d'une politique économique fondée sur un cycle de vie de plus en plus court des produits. La devise : « consommer plus, toujours plus ». On voit se développer des objets à usage unique, dits « jetables », d'autres passent très vite de « mode », d'autres encore pour lesquels il est impossible de changer une pièce car elle n'existe plus, etc. Les appareils sont devenus moins solides, les coûts de réparation se sont élevés jusqu'à atteindre ou dépasser parfois le prix du produit neuf. On parle de « l'obsolescence programmée » des produits ou du risque que ces objets « prennent l'aspect inoffensif des choses familières ». Les parcs de l'électroménager, de l'automobile, de la téléphonie mobile et de l'informatique sont particulièrement concernés par ce principe du « jeter facile ».

Dans la nature, les déchets n'existent pas !

Les décomposeurs et détritivores recyclent la matière morte en permanence. Les éléments qui composent la matière de notre planète suivent de grands cycles géochimiques incessants. Cependant, l'homme a inventé le concept de déchets persistants, créant des assemblages complexes que la nature ne connaît pas. Elle ne sait pas digérer et transformer la plupart des matières plastiques non-biodégradables. Les micro-organismes décomposeurs, comme les bactéries, n'en dégradent qu'une très faible quantité. Ainsi, ces matériaux sont là pour longtemps parce que durables, abandonnés en dehors de tout circuit de traitement habituel.

En 2007, nos poubelles étaient composées à plus de 32 % de la masse totale de déchets putrescibles : (papier-carton (21,5 %),

verre (12,7 %), plastiques (11,2 %), textiles (10,6 %, dont les textiles sanitaires), métaux (3 %), et divers matériaux composites ou non classés (8,9 %). En 15 ans, la part des emballages (carton, plastiques et verre) est passée de 39 à 32 % grâce à la mise en œuvre de programmes de recyclage permettant de donner une seconde vie aux déchets transformables et réutilisables.
Paradoxalement, se côtoient des efforts de réduction des déchets à la source et une incitation indirecte à la production de déchets par l'encouragement à la consommation. Ces messages commerciaux vont à l'inverse des textes de lois et de la politique des déchets. Ils tendent à opacifier, voire occulter l'information sur la nécessité et l'obligation de réduire la production de déchets.

12 Les déchets en mer sont-ils un problème planétaire ?

Si le réchauffement climatique se confirme, l'augmentation de quelques degrés aura des conséquences désastreuses sur les écosystèmes : répartition des espèces, fonctionnement des réseaux trophiques et chaînes alimentaires. L'effet sur l'environnement sera planétaire.
Pour les déchets, la nature de ces effets est profondément différente. Dès 1980, Jamie Uys dans son film *Les Dieux sont tombés sur la tête* annonçait le problème des populations isolées face à la gestion de nouveaux déchets non-biodégradables. Les régions très peuplées et en croissance économique

Accumulation de déchets flottants dans l'océan Indien

forte et rapide sont les plus touchées, l'hémisphère Sud ne produisant que 11 % des déchets. L'impact est connu au niveau des individus, plus limité quant aux populations marines ou aux écosystèmes. L'augmentation des concentrations de macro-déchets ou de micro-plastiques ingérés par les oiseaux, les tortues ou les espèces de petite taille (invertébrés, poissons) affecte principalement des individus, parfois nombreux, et pas toutes les populations. Malgré les actions préventives prises ces dernières années, la distribution des déchets est planétaire et le risque potentiel d'altérations des communautés par le transport d'espèces invasives est une réalité. Les déchets se trouvent principalement dans les zones urbaines, les fleuves ou les zones industrielles. Le transport en mer se fait parfois sur de longues distances. Les observations ont permis de constater leur présence jusque dans les eaux antarctiques, voire au-delà du cercle polaire, en surface et sur les fonds. Une étude récente a montré une augmentation significative des déchets sur le fond de la zone de Hausgarten, au large du Groenland, par 79° nord. Ces déchets sont de toutes natures, mais sont composés pour la plupart de plastiques et de produits liés aux activités de pêche. La dispersion des plastiques flottants sur l'ensemble des océans du globe, vu leur quantité croissante, au-delà des centaines de milliards dans chaque bassin, pose la question du possible impact sur les communautés planctoniques. Imaginons un instant l'arrivée massive de plusieurs dizaines d'espèces fixées sur des plastiques flottants, s'acclimatant dans une zone, perturbant les relations interspécifiques, notamment l'organisation des structures trophiques ? Ce risque est bien réel ! L'apport de 54 espèces nouvelles dénombrées au Canada, en 2012, sur un morceau de quai arraché par le tsunami quelques mois plus tôt au Japon, en est le meilleur exemple. Que penser des nanoparticules dont la présence en mer est des plus probables ? Les temps de dégradation des plastiques et le transport sur des milliers de kilomètres laissent entrevoir la possibilité de découvertes surprenantes en ce domaine.

13 Stockés, recyclés ou dans la nature ?

Le devenir d'un déchet passe par le recyclage, l'incinération, avec ou sans récupération d'énergie, la mise en décharge ou l'abandon dans le milieu naturel. En France, le volume des déchets augmente plus rapidement que le produit intérieur brut (PIB). Pour les seuls déchets ménagers, chaque personne produit plus d'un kilogramme de déchets par jour : environ 400 kilogrammes par habitant et par an, soit au total plus de 30 millions de tonnes par an. À ces déchets ménagers, il faut ajouter ceux issus des collectivités, de l'agriculture et des entreprises qui atteignent 104 millions de tonnes. Au final, ce sont 849 millions de tonnes de déchets qui sont générés chaque année en France. Actuellement, 49 % des déchets municipaux de l'Union européenne sont mis en décharge, 18 % sont incinérés et 33 % sont recyclés ou compostés.

L'incinération est une solution, privilégiée par certains pays, asiatiques notamment, en raison du manque d'espace dédié au stockage. Elle permet fréquemment de récupérer de l'énergie. Ainsi, sur les 13 millions de tonnes incinérées en France, 95 % font l'objet d'une valorisation énergétique. Cependant, l'incinération a ses inconvénients tels qu'une production de CO_2 supérieure à celle des centrales électriques. Par ailleurs, les risques relatifs à la santé publique existent, même si le fonctionnement des centrales s'est amélioré ces dernières années.

Le recyclage semble être la meilleure alternative pour le moment. Deux conséquences écologiques majeures ressortent cependant : la réduction du volume de déchets et la préservation des ressources naturelles. Dans cet esprit, les aspects environnementaux ont amené, ces dernières années, l'industrie à revoir la façon de fabriquer et d'utiliser les matériaux. De même, les consommateurs ont commencé à modifier quelque peu leurs comportements, en intégrant les considérations environnementales. Si la rationalisation des pratiques limite les risques d'apports accidentels, le recyclage — qui permet de traiter et de réintroduire des matériaux arrivés en fin de vie ou des résidus de fabrication dans le cycle de production — contribue largement à la réduction des apports. Cependant, certains matériaux très couramment utilisés ne sont toujours pas recyclables et constituent un vrai danger environnemental. C'est le cas du caoutchouc, de certains élastomères ou des polymères thermodurcissables. Fort heureusement, les déchets usuels inertes, produits par les ménages et les industries, constituent la part la plus importante des déchets recyclables, malgré leurs volumes importants à transporter ou à stocker. Ils sont simples à collecter et à transformer, et peu dangereux.

Selon l'Adème, 44,3 % des déchets sont recyclables mais on recycle moins de 20 % du plastique en France en 2012 : le reste,

Quel recyclage pour quels déchets?			
Nature des matériaux	**Types de déchets**	**Recyclage**	**Produits recyclés**
Métaux	Acier, aluminium	En l'état	Canettes, pièces de moteurs
Caoutchouc	Pneus, courroies, racasseurs de chaluts	En l'état	Panneaux d'insonorisation, revêtement de sol, asphalte caoutchouté
Cartons, papiers	Emballages, cahiers, boîtes	En l'état	Autres papiers/cartons, dalles de plafonds
Plastiques divers	Emballages, objets divers, briques alimentaires, bouteilles	En l'état	Sacs et récipients non alimentaires, meubles, vêtements, jouets, mobilier urbain, clôtures, tuyaux, pièces d'automobile, signalisation routière
Textiles	Vêtements, sacs	En l'état	Fabrication de textile et de pâte à papier
Verre, céramique	Bouteilles, récipients, verre, etc.	Refonte du verre	Tout objet en verre

soit 105 kilogrammes par seconde ou 3,3 millions de tonnes par an, finit en décharge ! Au rythme actuel, il faudrait entre 20 et 40 ans pour parvenir à 100 % de recyclage du plastique en France.

Le plus souvent situés en dehors des grandes villes, et souvent à proximité d'un cours d'eau ou de la mer, les décharges et sites d'enfouissement regroupent les dépôts de déchets et ordures ménagères, les dépotoirs désignant plutôt des accumulations près des lieux d'habitation. Ces dernières sont, parfois très nombreuses selon les pays et posent souvent de sérieux problèmes d'environnement, notamment dans les pays en développement. Si les réglementations sont devenues très strictes, interdisant les décharges sauvages, il existe de nombreux retards d'application, des problèmes de gestion et certaines peuvent constituer une source importante de déchets pour la mer. Elles sont susceptibles notamment de générer des impacts différés, dans l'espace et dans le temps, comme les décharges marines dans les fosses telles que la fosse des Casquets au large de la Normandie ou la centaine de décharges de munitions (obus, armes, etc.) répertoriées sur la façade atlantique de l'Europe. Le dysfonctionnement des décharges peut être conséquent pour le milieu naturel. L'exemple de la décharge d'Entressens dans les Bouches-du-Rhône est à ce titre intéressant. D'environ 120 hectares, l'une des plus grandes « poubelles » à ciel ouvert d'Europe est restée en exploitation, grâce à l'apparition d'une ligne de chemins de fer, de 1912 jusqu'à 2010. Elle recevait entre 1 000 et 1 600 tonnes d'ordures ménagères par jour, et ce, depuis un siècle ! Ce sont donc des millions et des millions de déchets qui ont été entassés. À ciel ouvert et même si des efforts avaient été produits pour éviter l'envol des sacs en plastique aux alentours, les forts coups de mistral et les tempêtes pouvaient toujours en rejeter des milliers à proximité du site, y compris jusqu'à l'étang de Berre, situé à quelques kilomètres. Ce type de décharge, comme celle de La Corogne en Espagne, peut être responsable d'apports massifs de déchets dans le milieu marin. Avec les décharges sauvages qui constituent un risque plus diffus — non négligeable en raison de leur situation dans des sites naturels ou à proximité du littoral — les apports ne sont pas toujours maîtrisés, ils occasionnent un ruissellement et un transport vers la mer. Reste l'abandon des déchets lié principalement

Décharge côtière du Havre, Seine-Maritime, 2008

Des millions de tonnes de munitions immergées, souvent oubliées !

Un quart du milliard d'obus tirés pendant la Première Guerre mondiale et un dixième des obus tirés durant la Seconde Guerre mondiale n'ont pas explosé pendant ces conflits. Selon les données disponibles et récemment fournies par les États de l'Union européenne, plus d'un million de tonnes de munitions (essentiellement conventionnelles) aurait été volontairement coulé depuis 1920 dans différentes fosses sur l'ensemble des côtes européennes ou des dizaines de sites majeurs d'immersion de déchets et munitions ; des centaines d'autres sites plus petits sont répertoriés. Nombre d'entre eux semblent avoir été oubliés, ou récemment redécouverts par les élus locaux et nationaux. Ils peuvent parfois être situés à faible profondeur, près du littoral ou d'un port industriel, à proximité de zones de pêche ou de frayères, voire de courants marins irriguant des zones de forte productivité biologique.

Pièce de munition immergée en Méditerranée

aux comportements humains. Il constitue une part non-négligeable, non chiffrée dans les statistiques. Les spécialistes parlent d'environ 10 % de déchets qui finissent à la mer. Les apports directs des navires et des fleuves en représentent une grande part.

14 Quelle est l'importance des sacs en plastique et des emballages dans les déchets ?

Si les concepts et la production des premiers sacs en plastique remontent aux années 1950, leur développement s'est généralisé dans les années 1980, pour arriver en 2002, à une production mondiale annuelle estimée à 4-5 milliers de milliards.
Les qualités et propriétés particulières des matières plastiques ont permis leur développement dans le domaine de l'emballage dans des proportions jamais atteintes par d'autres matériaux tels que le papier, le carton ou le métal, en raison des qualités recherchées par les industriels et les consommateurs. Ces propriétés sont multiples : variété des couleurs, transparence ou opacité, rigidité ou souplesse, aspect, toucher, légèreté, diversité des formes, sûreté, fiabilité et propriétés d'inaltérabilité,

Évolution de l'emballage en plastique

1950 - Naissance du tube en plastique

1960 - Arrivée sur le marché de la bouteille d'huile et de son bouchon mono matière

1961 - Apparition du film rétractable

1969 - Arrivée sur le marché de la bouteille d'eau minérale avec son bouchon

1975 - Apparition du sachet de fromage coupé, tel l'emmental

1976 - Les vaporisateurs de parfum intègrent des pompes en plastique

1979 - Le sachet de fromage râpé arrive dans nos réfrigérateurs

1980 - L'emballage sous-vide, telle une « seconde peau », protège et conserve charcuteries, poissons et autres denrées périssables

1985 - Le premier jambon supérieur sous atmosphère contrôlée apparaît

1994 - La révolution des plats cuisinés longue conservation (1 an), avec les emballages à DLC longue (date limite de consommation)

1999 - L'innovation verte avec les films et sacs en bio-plastique surgit

2000 - Les emballages pour légumes « 4 gammes » en ultra-frais apparaissent : salades, crudités, légumes épluchés prêts à cuire ou à consommer

2004 - Lancement des emballages pour plats cuisinés micro-ondables, par cuisson ou réchauffage sous pression

imputrescibilité, hygiène, résistance aux chocs et aux variations de températures, et enfin facilité de mise en forme.

Aujourd'hui en France, le secteur de l'emballage plastique représente près de 43 % de l'utilisation des matières plastiques. Pour comparaison, les secteurs du BTP et de l'automobile représentent respectivement 20 % et 8,5 %.

Revers de la médaille, les déchets d'emballages représentent 66 % des déchets plastiques. Ce pourcentage plus important par rapport à l'utilisation s'explique par une durée d'usage courte des emballages plastiques, quelques mois tout au plus, à comparer aux plastiques de l'automobile dont la durée d'usage se situe entre 8 et 10 ans et ceux du BTP qui peuvent durer plusieurs décennies avant de devenir des déchets en fin de vie.

Grâce à la mise en place du tri sélectif de nos déchets ménagers avec les fameuses poubelles jaunes, nous recyclons aujourd'hui en France 16 % des emballages plastiques mais il y a encore de gros efforts à faire quand on voit que certains de nos amis d'Europe du Nord, comme les Suédois, en recyclent un peu plus du double avec un taux de 36 %.

Le sac en plastique dit de « sortie de caisse » est un cas un peu à part dans le monde de l'emballage. À lui seul, il incarne toutes les mutations de la plasturgie.

Quelle est l'importance des sacs en plastique et des emballages dans les déchets ?

Savez-vous trier vos emballages en plastique ?
1. À recycler
2. À jeter

A. Bouteille d'eau

B. Bouteille d'huile

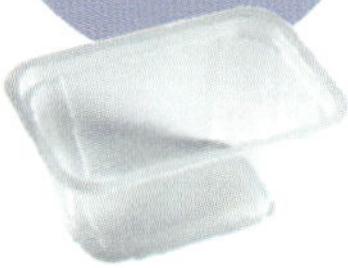

C. Barquette en plastique

D. Flacon alimentaire

E. Blister

F. Boîte à œufs

G. Film plastique

H. Cubitainer

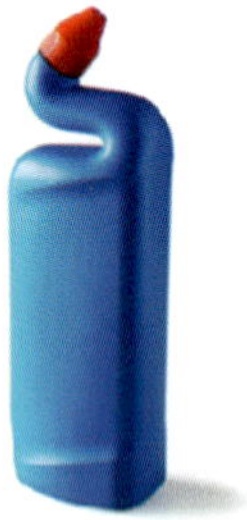

I. Produit ménager

J. Gobelet en plastique

K.Produit de toilette

L. Pot de yaourt, et autres produits laitiers

M. Sac plastique

N. Polystyrène expansé

O. Sachet alimentaire plastique

Réponses : A1, B1, C2, D1, E2, F2, G2, H1, I1, J2, K1, L2, M2, N2 O2

Les premiers sacs de caisse en plastique apparaissent aux États-Unis en 1957. Au départ, ils n'avaient pas de poignées. Il faut attendre le début des années 1960 pour voir apparaître le sac en plastique que nous connaissons aujourd'hui. Sa production explose dans les années 1970 quand un nouveau procédé de fabrication, peu coûteux, permet aux commerçants de donner les sacs. Par ses propriétés, il apparaît comme révolutionnaire. C'est le début de l'ère du jetable. Le sac en plastique remplace rapidement le panier en osier ou le sac en papier, moins résistant.
Le sac en plastique, distribué pendant des décennies à la sortie des caisses de supermarchés, fut longtemps un débouché important des industriels français du plastique souple. Avant de concentrer toutes les attaques dans les années 1990 et 2000 : polluant, non recyclable, au point que le distributeur E. Leclerc décide de les supprimer en 1996. À partir de ce moment-là, la production a amorcé son déclin jusqu'à l'effondrement : 10,5 milliards de sacs de caisse distribués en France en 2002, 1,6 milliard en 2008, ce qui ne représente que 0,2 % de la consommation de matière plastique en France. La volonté des politiques a été de transformer le sac jetable en sac réutilisable et ils y sont parvenus. La production des sacs de caisse réutilisables, fabriqués à base de polyéthylène, est devenue presque l'exclusivité des fabricants asiatiques. Tandis que les fabricants européens planchent sur des sacs « plus propres », plus fins, plus solides, bio-dégradables, compostables, bio-fragmentables ou encore oxo-dégradables.

15 Quelle est la production mondiale des déchets plastiques ?

Quoiqu'on pense des matières plastiques, les chiffres de la production mondiale montrent que les plastiques ont et ont eu du succès. Cette industrie a connu une croissance continue pendant plus de 50 ans et ce n'est que, récemment, à cause de la crise de 2008-2009, que la courbe s'est inversée, « momentanément » s'empressent de dire les experts. En effet, les plastiques sont loin d'avoir épuisé tout le potentiel de substitution d'autres matériaux qui accompagnent la croissance du PIB. Les économistes parlent, pour les cinquante dernières années, d'un taux de croissance annuel moyen de 9 %, qui ne devrait plus être que de 4 % au cours des prochaines années, en raison de l'Asie où l'usage des matières plastiques par

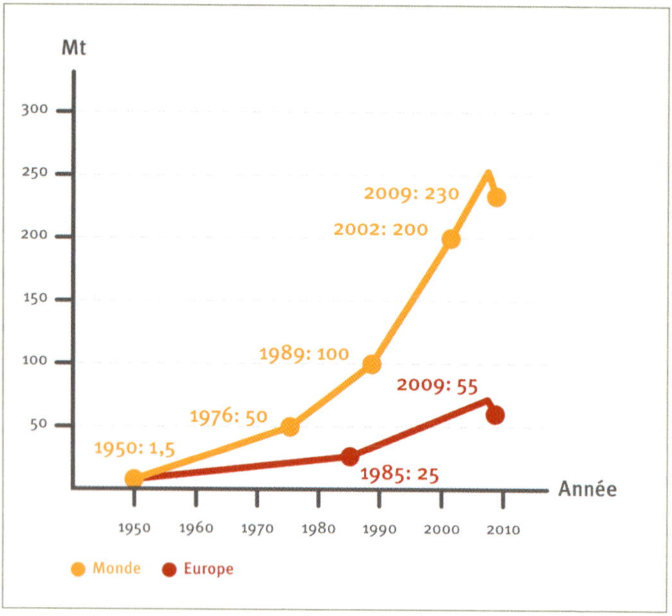

Production mondiale de matières plastiques (Mt) de 1950 à 2009

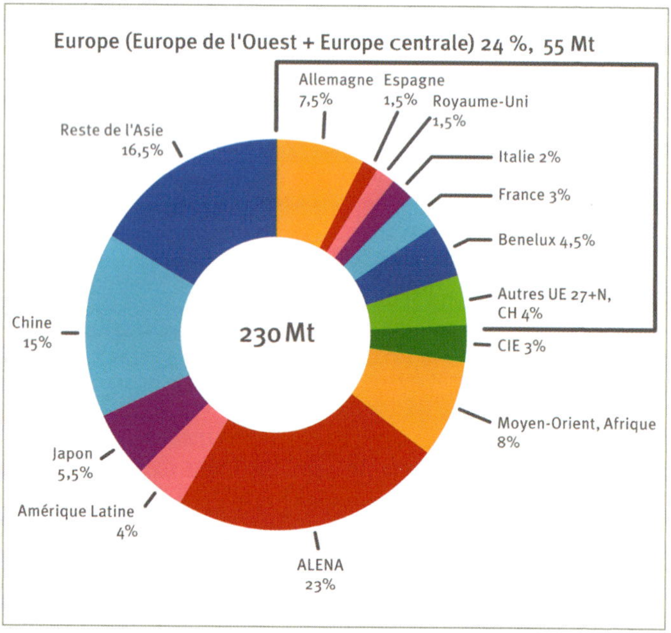

Production mondiale de matières plastiques (Mt) en 2009

année et par habitant passera d'environ 20 kilogrammes actuellement à 36 kilogrammes d'ici 2015.
Tout naturellement, la production de déchets plastiques croît au même rythme que la consommation des produits en plastique. Si l'on connaît avec une grande précision les chiffres de la production mondiale de matières plastiques fournis par l'industrie, il est par contre extrêmement difficile d'estimer la quantité de déchets plastiques produite au niveau mondial chaque année, d'autant plus qu'il est déjà difficile d'estimer la production mondiale de déchets. Selon l'Institut européen CyclOpe, ce sont entre 3,4 et 4 milliards de tonnes de déchets qui ont été produits dans le monde en 2006, dont 1,7 à 1,9 milliard de tonnes de déchets municipaux, 1,2 à 1,6 milliard de déchets industriels non dangereux et 490 millions de déchets dangereux. Seuls 2,74 milliards de tonnes de déchets ont été collectés dont 1,2 milliard pour les ordures ménagères. En volume, la Chine est le premier producteur de déchets municipaux avec 300 millions de tonnes en 2005. Sur le plan économique, l'ensemble des activités liées aux déchets, de la collecte au recyclage, représente un marché mondial de quelque 300 milliards d'euros[3].

16 De quoi les plastiques sont-ils composés ?

Les matières plastiques sont des matériaux organiques constitués de molécules géantes, appelées macro-molécules. En grossissant des millions de fois un morceau de plastique, on pourrait découvrir sa structure fine qui s'apparente à un immense plat de spaghettis, enchevêtrement de filaments très longs, les fameuses macro-molécules pouvant être constituées de plus de 100 000 atomes.
Les matières plastiques que nous croisons tous les jours à la maison, en extérieur, dans la voiture, au bureau ou à l'usine sont très différentes de par leurs couleurs, leurs formes, leur souplesse ou leur dureté, leur transparence, leur résistance à la chaleur ou au froid, leur aptitude au contact alimentaire, leur bio-compatibilité, leur pouvoir isolant, thermique ou électrique, etc., bien qu'à l'aspect rien ne distingue vraiment une matière plastique d'une autre. En fait, il faut rechercher

3 http://www.veolia-proprete.com/veolia/ressources/files/1/752,Abstract_2009_FR.pdf

l'origine de la très grande versatilité de ces matériaux dans leur structure moléculaire.

La matière plastique la plus simple qui existe est le polyéthylène (ou PE), résultat de la polymérisation de la molécule d'éthylène, un gaz directement issu du raffinage du pétrole (origine fossile) ou, plus récemment, du traitement chimique de la canne à sucre (origine renouvelable).

La structure chimique de cette matière plastique lui confère des propriétés bien particulières qui permettent de l'utiliser dans la fabrication d'objets de très faible épaisseur (sacs poubelle), de films agricoles, d'emballages alimentaires, de câbles électriques de haute de tension, etc.

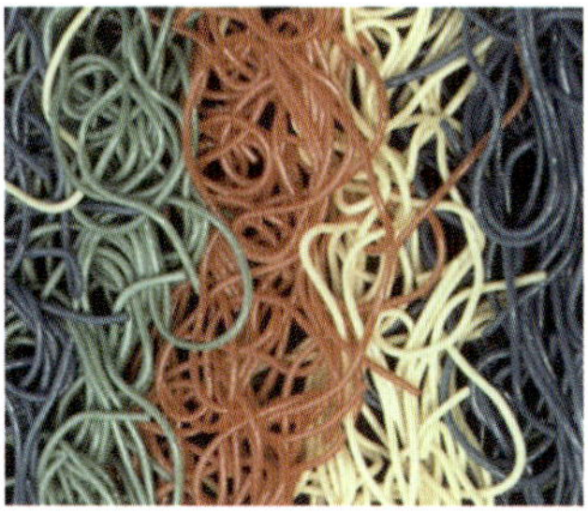

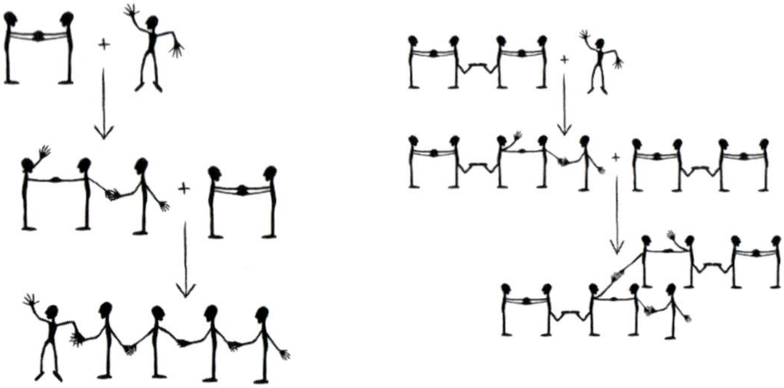

Ces macro-molécules sont le résultat d'une réaction chimique au cours de laquelle les « briques » élémentaires ou monomères vont réagir entre elles et se greffer les unes aux autres pour former le polymère (du grec poly = plusieurs, et meros = parties)

Le polypropylène (ou PP), une autre matière plastique résulte de la polymérisation de la molécule de propylène, un gaz également issu du pétrole. La différence avec l'éthylène, c'est la substitution d'un atome d'hydrogène par un groupement constitué d'un atome de carbone et de trois atomes d'hydrogène (symbole CH_3). Cette petite différence dans la composition chimique confère au polypropylène des propriétés autres que celles du polyéthylène. Par exemple, il est plus rigide à température ambiante, mais plus cassant en basses températures, il a aussi un aspect plus brillant, ce qui fait qu'il sera utilisé dans diverses applications telles que : pare-chocs de voiture, géotextiles, appareils électroménagers, etc.

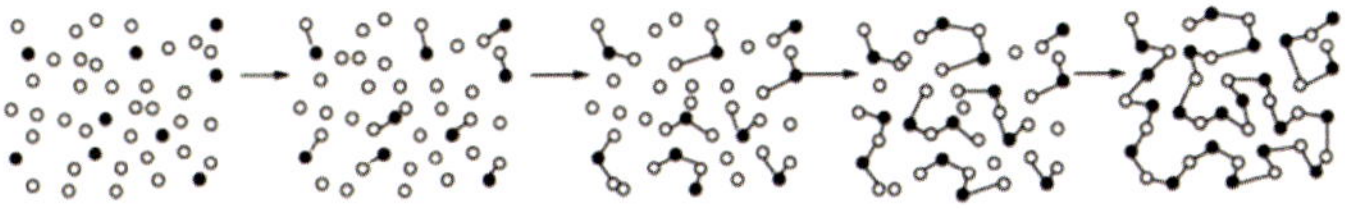

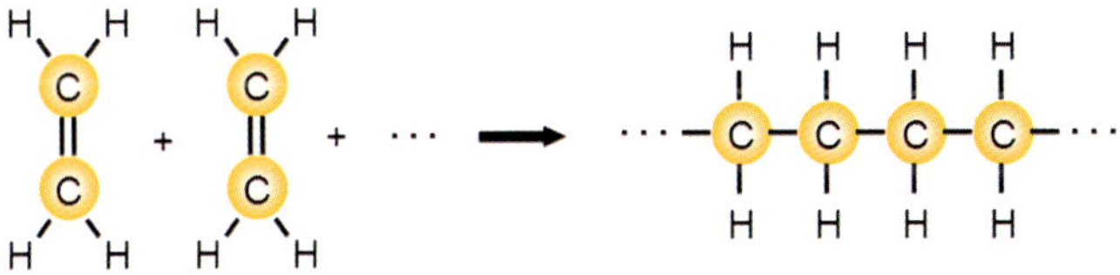

Monomères d'éthylène Polyéthylène

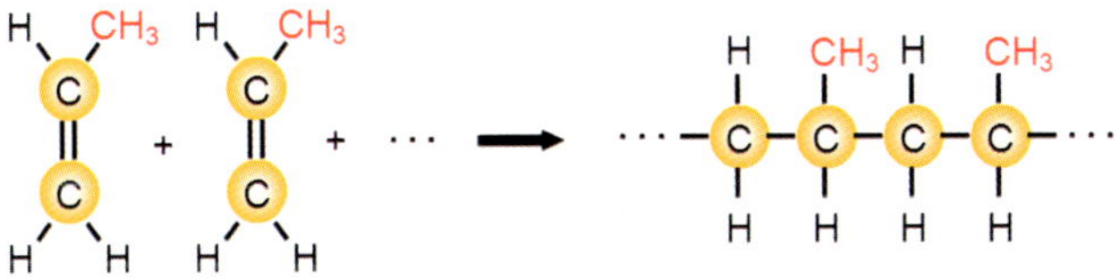

Monomères de propylène Polypropylène

Les « briques » élémentaires sont des molécules simples constituées de quelques atomes, une douzaine tout au plus. Elles sont d'origine naturelle (végétale principalement) ou synthétique, issues du pétrole, du gaz naturel ou du charbon

Il en est de même pour les autres matières plastiques. Tous ces noms chimiques que nous utilisons régulièrement — polystyrène, polycarbonates, polyamides... — sont des matières plastiques très différentes de par leur propriétés, elles sont fabriquées à partir de « briques » élémentaires de nature chimique distincte. Quand on sait qu'il existe des milliers de « briques » et qu'il est quelquefois possible de les combiner entre elles, on comprend mieux pourquoi il y a une telle variété de matières plastiques et pourquoi elles sont utilisées dans un nombre incroyable de produits.

Le devenir des déchets

17 Les déchets se déplacent-ils sur de longues distances ?

Il n'est pas nécessaire de chercher beaucoup pour trouver des exemples de transfert de déchets sur de longues distances. L'actualité récente du tsunami au Japon a montré les apports massifs de débris à la mer et le transport d'une grande partie d'entre eux dans le courant nord-pacifique. Après neuf mois de pérégrination au gré des flots, les premiers débris arrivent sur les côtes canadiennes et de l'Alaska, occasionnant, vu leur nombre et leur nature, des conséquences environnementales pour le moins dramatiques, obligeant les autorités canadiennes et américaines à prendre des dispositions drastiques. Ainsi, sont systématiquement détruites les plus grosses structures — morceaux de quai ou de navire — ayant servi de support à des dizaines d'espèces, et ce, pour circonscrire ces espèces invasives pour le continent nord-américain. Les observations assidues des déchets par les navigateurs sont précieuses et concernent tous les océans, y compris l'Antarctique. L'arrivée d'un réfrigérateur sur une côte ou celle d'une bouteille parvenue après 80 ans de voyage dans l'Atlantique Nord, montrent

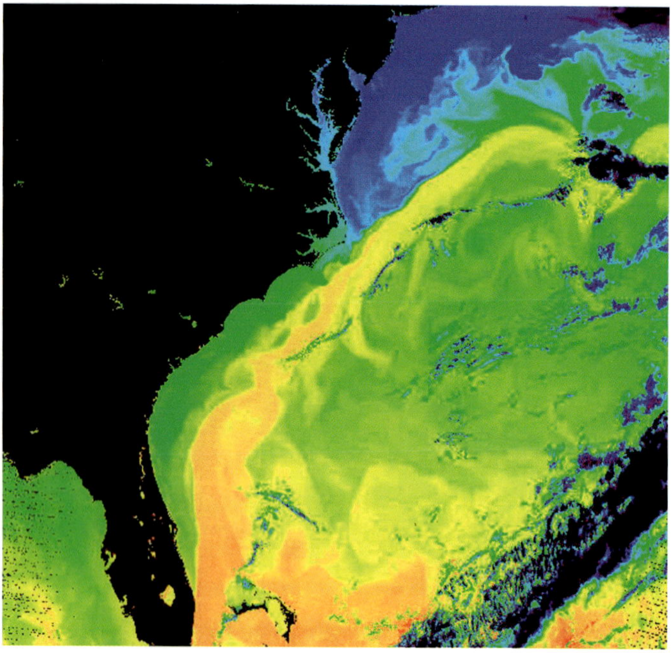

***Le Gulf Stream*, courant géostrophique généré par l'accumulation d'eau dans le golfe du Mexique, engendre une circulation tourbillonnaire au centre de l'Atlantique Nord**

bien que les courants favorisent le transport transocéanique. Les grands principes de la dynamique des courants océaniques ou courants géostrophiques sont maintenant connus. En raison des alizés à l'équateur — conséquence des interactions avec l'atmosphère —, et malgré quelques courants mineurs pouvant agir en sens inverse, la circulation générale en surface est orientée vers l'ouest dans les trois bassins océaniques du Pacifique, de l'Atlantique et de l'océan Indien. L'afflux d'eau à l'ouest de ces trois bassins provoque le départ de l'eau vers le nord ou le sud générant ainsi des déplacements importants. Cinq courants majeurs pour chacun des bassins — Atlantique Nord et Sud, Pacifique Nord et Sud et Indien —, se déplacent vers l'est, conséquence de la force de *Coriolis*, et ramènent les masses d'eau vers les côtes orientales. Ces masses d'eau vont tout naturellement combler le déficit en eau à l'équateur, fermant le tourbillon océanique qui fonctionne comme celui d'un lavabo. Au milieu de ces masses d'eau en mouvement se situe une eau relativement calme, appelée zone de convergence au centre d'un(e) « gyre » océanique. L'ensemble des

objets flottants est donc déplacé au gré de ces courants vers des zones de faible circulation.
Plus près de nous, les expérimentations utilisant les bouées dérivantes, voire des bouteilles à la mer, montrent des trajectoires variables et surprenantes, en raison de l'influence de vents qui s'ajoutent aux courants, rendant parfois les prévisions impossibles.
Et sur le fond ? Si de nombreux débris coulent immédiatement, certains autres flottent avant de couler, alourdis par des salissures qui se sont fixées, voile bactérien, algues et invertébrés. Ils rejoindront les déchets déjà au fond pour être soumis à des courants différents de ceux présents en surface. Comment ne pas être surpris de trouver dans le détroit de Fram, à 80° nord et aux abords de la banquise, la présence sur le fond de chaluts de plusieurs centaines de kilogrammes alors qu'il n'y a aucune zone de pêche à plusieurs centaines de milles ? Les courants de fond peuvent être très violents et transporter des objets parfois très lourds. Près des côtes, en profondeur, des phénomènes de *cascading* ont été découverts, déplaçant des dizaines de milliers de tonnes de sédiments, en raison du charriage des grands fleuves, précipitant vers le fond les déchets, y compris les plus lourds. Les courants profonds sont encore mal connus dans les bassins océaniques et les prédictions de transport restent discutables, c'est là l'un des enjeux de la recherche.

18 Quels sont les problèmes transfrontaliers occasionnés par les déchets ?

Les déchets en flottant en mer sont particulièrement affectés par l'hydrodynamisme. Ils peuvent être transportés sur de longues distances, jusqu'à traverser les océans pour des « voyages » intercontinentaux. Les échouages de débris sur les côtes peuvent ainsi provenir de déchets issus d'autres régions, d'autres bassins ou d'autres continents. Les exemples sont nombreux. L'analyse de l'origine des déchets sur les plages du golfe de Gascogne a montré la présence d'une grande quantité de déchets d'origine espagnole sur le littoral aquitain ; les quantités diminuant vers le nord, selon un gradient sud-nord. Quelques déchets espagnols ont même été retrouvés jusqu'en Manche. Ce problème a pris une tournure politique, il y a quelques années, en raison des coûts induits par le nettoyage et l'impact sur la fréquentation des plages. Ce phénomène, lié à la présence d'un courant temporaire, est responsable d'apports pendant une période de l'année. Dans le cas du littoral aquitain, le courant mis en cause est le « courant du Portugal » qui longe, de septembre à mai, la côte nord de l'Espagne. Les risques de transport d'espèces nouvelles sont importants. Ils peuvent conduire les autorités à prendre des mesures de prévention, pour éviter les arrivées massives de supports, épaves flottantes ou larges objets dérivants, dans les zones sensibles. Les exemples de transport transfrontalier sont en réalité très nombreux. De l'Amérique vers l'Europe, via le *Gulf Stream*, de la Manche vers la mer du Nord et de la mer du Nord vers le Kattegat à l'entrée de la mer Baltique, la Suède récupère sur ses plages les déchets de nombreux pays au point de considérer le problème sur le plan social. Comment prendre des mesures de prévention lorsque l'on subit des apports de pays étrangers ? En Méditerranée, une mer fermée d'où les déchets ne peuvent s'échapper, les différents courants les homogénéisent. Des côtes de France, en passant par l'Espagne, le Maroc, l'Algérie, la Tunisie et l'Italie ou encore des côtes égyptiennes à la mer Égée, en passant par l'Israël, le Liban, la Syrie et la Turquie, le problème devient international et ne peut se régler qu'au sein des institutions interétatiques. Jusqu'à présent, la prise en compte de ce problème ne dépassait pas le simple stade de la constatation. Celle-ci est d'autant plus difficile que les sources sont diffuses et liées au pays d'origine. Les déchets provenant d'Asie en Europe sont le fait des navires marchands ou de pêcheurs. Quant aux déchets sur les plages, issus d'un pays voisin, ils sont parfois le fait d'échanges économiques frontaliers et non d'apports pas la mer. Le règlement juridique de ces manifestations va se poser d'ici peu, malgré des apports diffus, le plus souvent liés à des particuliers.

Les déchets voyagent parfois d'un continent à l'autre

19 En surface ou sur le fond, où les déchets s'accumulent-ils ?

Nombre de déchets flottants en surface ou entre deux eaux tendent à se reconcentrer dans les océans après leur dispersion initiale. Les zones d'accumulation affectent certaines portions du littoral, des zones de surface et des zones particulières situées en profondeur. Ces zones d'accumulation dépendent de sources diverses : vents, marées, courants, mais aussi masse, densité (voire flottabilité), et vitesse de dégradation de ces déchets.

Si l'étude de la typologie des déchets échoués sur les plages montre une diversité importante, certaines activités comme le tourisme, la plaisance, la pêche, voire la chasse, contribuent largement et localement à l'accumulation de ces déchets sur les fonds côtiers. Les fonds des ports restent cependant les zones les plus affectées en raison des intenses activités de surface.

De même, les apports accidentels, responsables de possibles apports massifs, constituent une cause importante de l'accumulation près des zones à risques. En mer, l'influence des activités humaines, comme la pêche ou le transport maritime, est considérable. Sur cent millions de conteneurs transportés chaque année dans le monde, 10 000 sont perdus, soit 0,01 %. Comme les déchets rejetés par les navires de croisière, ils sont, pour la plupart, perdus le long des routes établies.

Les courants déterminent largement la répartition de ces déchets flottants (composés de plastique et polystyrène essentiellement), avec des zones de convergence bien connues à présent dans les « gyres » océaniques.

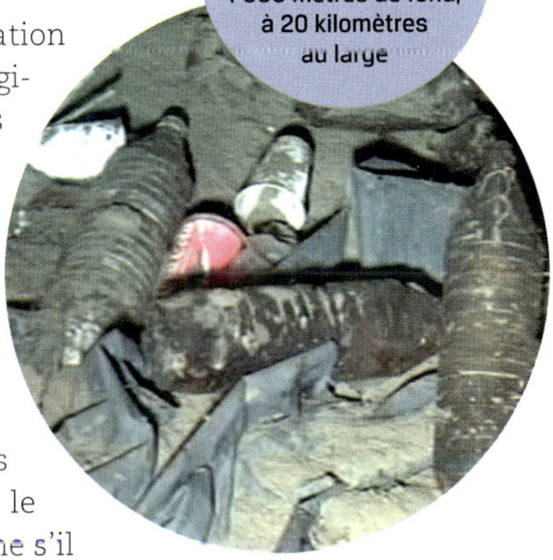

Méditerranée française, plongée en submersible de l'Ifremer par 1 000 mètres de fond, à 20 kilomètres au large

D'une manière générale, la conformation des côtes et les facteurs géomorphologiques ont un impact important sur les zones d'accumulation littorales, dans les baies ou dans les canyons pour les déchets sous-marins. Typiquement, ces zones de plus faible circulation et de turbidité réduite favorisent l'accumulation des déchets. Plus au large et plus profond, la présence de zones d'accumulation des déchets dans les fosses est démontrée mais le phénomène reste très mal décrit. Même s'il ne s'agit pas de décharges spectaculaires, l'accumulation de plusieurs tonnes de déchets a été établie dans certaines zones littorales sous-marines, parfois à plusieurs dizaines de milles au large. Il s'agit principalement de déchets lourds (métal, verre, plastiques denses ou emballages polycarbonatés ainsi que polychlorures de vinyle). L'accumulation de munitions est connue dans les zones réglementées de dépôts en mer et relève d'autorisations gouvernementales. Pour l'Europe, une base de données de l'OTAN, décrivant ces zones, est librement accessible sur Internet. Moins connus mais localement importants, les largages obligatoires de munitions par les avions de guerre avant appontage ont provoqué une accumulation d'obus le long des couloirs aériens utilisés lors de conflits récents, comme en Adriatique pendant la guerre du Kosovo. Il ne s'agit pas là d'un problème anecdotique, mais bien d'une réalité pouvant affecter les pêcheurs collectant ces obus lors d'opération de chalutage.

L'apport de la courantologie est essentiel pour comprendre les mécanismes régissant la formation de zones d'accumulation. La sensibilité de certaines d'entre elles et les risques d'apports accidentels massifs doivent être considérés. Les connaissances permettront à terme d'établir des cartes de zones à risques méritant une attention particulière. Pour l'heure, de nombreuses zones d'accumulation restent à identifier et à localiser, notamment dans les zones côtières et les profondeurs océaniques. C'est l'un des enjeux de la recherche sur les déchets marins.

20 Des îles flottantes... de déchets : mythe ou réalité ?

Cela fait maintenant des années que l'on entend parler d'îles flottantes, ou de soupe, grandes comme l'Europe ou l'Amérique. Il ne s'agit là pourtant ni de gâteaux, ni de potage ! Ces îles, dénommées aussi « continents de déchets », sont constituées de millions, voire de milliards, de plastiques. Annoncés dès les années 1990, ces amas de déchets flottants ont fait tout récemment la Une des médias et quotidiens en raison des apports considérables, liés au tsunami survenu au Japon en 2011. « Quelque chose » qui s'étend du Japon à Hawaii ou atteint l'ensemble du Pacifique Nord, « The Great garbage patch » (ou la grande tache de poubelles), un nouveau continent ! D'autres continents de déchets existeraient également

« L'explication qu'on en peut donner, dit-il, me semble résulter d'une expérience connue de tout le monde. Si l'on place dans un vase des fragments de bouchons ou de corps flottants quelconques, et que l'on imprime à l'eau de ce vase un mouvement circulaire, on verra les fragments éparpillés se réunir en groupe au centre de la surface liquide, c'est-à-dire au point le moins agité. Dans le phénomène qui nous occupe, le vase, c'est l'Atlantique, le *Gulf Stream*, c'est le courant circulaire, et la mer des Sargasses, le point central où viennent se réunir les corps flottants. » Je partage l'opinion de Maury, et j'ai pu étudier le phénomène dans ce milieu spécial où les navires pénètrent rarement. « Au-dessus de nous flottaient des corps de toute provenance, entassés au milieu de ces herbes brunâtres, des troncs d'arbres arrachés aux Andes ou aux Montagnes-Rocheuses et flottés par l'Amazone ou le Mississippi, de nombreuses épaves, des restes de quilles ou de carènes, des bordages défoncés et tellement alourdis par les coquilles et les anatifes qu'ils ne pouvaient remonter à la surface de l'océan. »

Jules Verne, *Vingt mille lieues sous les mers* (1869), chapitre *La mer des Sargasses*

en Atlantique Nord et en Atlantique Sud. Nous atteindrons d'ici peu le 10e continent, voire le 11e, avec les apports monstrueux du Pacifique Sud (probable), et ceux de l'océan Indien (suggéré). Une association fait état de dizaines de millions de tonnes de déchets dans ces zones et une question a même été posée aux derniers candidats à la présidence de la République française de 2012 sur l'action du gouvernement dans ce domaine. À vrai dire, ce phénomène n'est pas nouveau et Jules Vernes, dès 1869, dans *Vingt mille lieues sous les mers* décrivait déjà le transport des débris issus des grands fleuves nord-américains vers la mer des Sargasses, où les algues s'accumulent dans la zone de convergence atlantique.

Les scientifiques sont très frustrés de cette appellation d'île flottante reposant sur une conception erronée du problème des déchets en mer. L'imaginaire et les médias sont très sensibles à ces images mais tout cela est largement exagéré et il est tout simplement faux de mentionner l'existence de ces « continents ». Sur les quantités d'abord, l'accumulation de microplastiques dans la zone de convergence Atlantique, la mieux connue d'un point de vue scientifique, fait état de seulement 1 100 tonnes de plastiques. Par ailleurs, on peut considérer que la zone du Pacifique Nord en contient quelques milliers et l'océan mondial quelques dizaines de milliers de tonnes.

Comparer la biomasse de plastique à celle du plancton, comme cela est fait parfois, n'a que peu de sens. Le plancton a une biomasse qui varie fortement selon l'heure de la journée et il est le plus souvent absent pendant les heures du jour où ont lieu les collectes. Qui plus est, les plastiques se concentrent en surface quand le plancton occupe toute une tranche superficielle, lorsqu'il est présent. Enfin, les populations de plancton doivent se concevoir dans la durée. Les scientifiques étudient le plus souvent la productivité, c'est-à-dire la multiplication des populations et non la biomasse, toujours limitée lorsque l'on considère un instant donné. L'image est cependant spectaculaire, de même que celle des plastiques concentrés dans un filet à plancton après collecte d'échantillons de plusieurs milliers de mètres carrés. Dans la réalité, les quantités de plastiques sont plus importantes dans certaines mers côtières comme la Méditerranée, mais c'est peut être toujours mieux chez les autres ! Il existe d'autres points discutables sur les zones de concentration de plastiques en mer. Bon nombre d'intervenants estiment que les quantités de déchets augmentent avec le temps. Si dans certaines zones littorales, il est vrai que les densités s'accroissent depuis de nombreuses années, il n'en est rien pour les micro-plastiques des zones de convergence océanique. Une analyse sur des échantillons stockés depuis 30 ans a montré que les quantités sont restées identiques dans la « gyre » nord-atlantique. Dernière vérité, la taille des zones affectées n'est pas aussi vaste que celle parfois annoncée. Dans le cas du Pacifique Nord, une analyse des surfaces réelles couvertes par les plastiques qui, mises bout à bout, donnent une superficie, pas vraiment continentale, de quelques centimètres carrés pour un hectare échantillonné. C'est toujours trop et les conséquences de la dispersion de ces plastiques et des espèces inféodées ou fixées dessus, restent préoccupantes. Il n'en reste pas moins que si les zones de convergence ont quelque chose de mystérieux, voire d'exotique, les problèmes à la côte sont autrement plus conséquents.

21 Des déchets qui ne tiennent pas en place, cesseront-ils de se disperser ?

En 1992, lors d'une tempête, des milliers de petits canards en caoutchouc ont été perdus et retrouvés des semaines et des mois plus tard dans le monde entier…facilitant la compréhension des mécanismes hydrodynamiques. Un incident similaire, suite à la perte de 21 conteneurs par le *Hansa Carrier*, a eu pour conséquence la dispersion de milliers de chaussures de sport d'une célèbre marque. Ces objets fournissent des informations mais présentent un risque dans certains cas, nécessitant une connaissance approfondie de leur transport. En 2007, dans le cas du *MSC Napoli*, des centaines de conteneurs ont échoué dans un site classé par l'Unesco provoquant des souillures des plages. Ces « vilains petits canards » illustrent les conséquences du transport maritime. Via les grands courants océaniques tels que le *Gulf Stream* ou les dérives équatoriales, le transport d'un continent à l'autre est fréquent. Ce transport reste mal connu pour les déchets en profondeur mais des preuves formelles existent. Après les « gyres » où s'accumulent les déchets flottants, l'un des enjeux majeurs à venir est la découverte de fosses d'accumulation dans les profondeurs marines. La découverte en 2004, loin des zones de pêche, de chaluts de fond perdus dans des profondeurs importantes, au-delà du cercle polaire arctique sur la fosse Molloy (Molloy Deep), détroit de Fram, démontre un transport possible selon des mécanismes encore peu connus. Localement, la dispersion peut provoquer une accumulation sur des sites côtiers fréquentés et favoriser en même temps le transport. C'est le cas des décharges côtières recensées ou sauvages, sources d'apports à la mer. La réglementation reste limitée aux pays développés. La

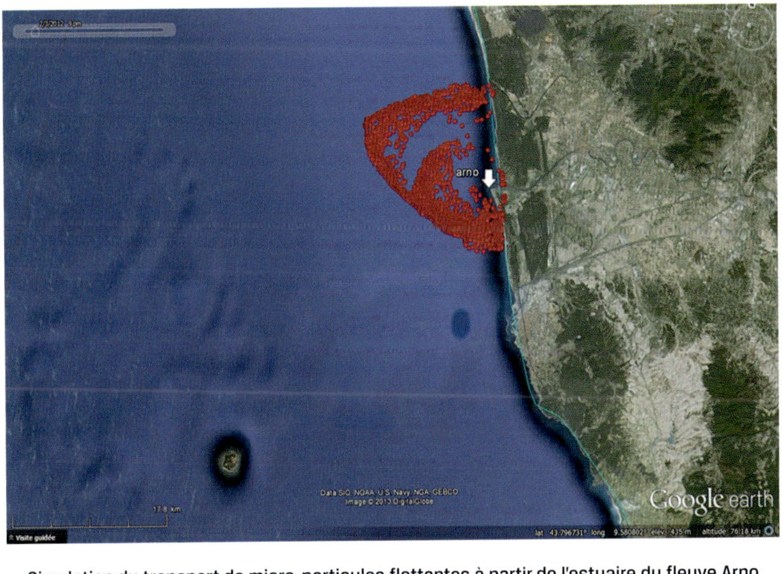

Simulation du transport de micro-particules flottantes à partir de l'estuaire du fleuve Arno (Toscane, Italie) sur une période de 2 jours après le rejet

communauté scientifique considère depuis peu le transport des déchets comme une pollution conséquente en mer. Dès lors, ces dernières années ont vu le développement d'outils de prédiction de transport des nappes de déchets. Ils proposent également des plate-formes de modélisation afin de suivre les trajectoires d'amas pouvant s'échouer sur les côtes. À terme, le développement d'atlas de sensibilité aux risques de déchets permettra d'améliorer la gestion des risques accidentels. Les simulations, utilisant les modèles hydrodynamiques permettent d'ores et déjà de prévoir les scénarios les plus probables. Réalisés à l'échelle mondiale sur plusieurs années, ces scénarios permettent d'identifier les zones les plus sensibles à l'échelle du globe que sont la Méditerranée, les zones de convergence atlantique et pacifique et le golfe du Bengale. Ces zones, à elles seules, devraient recevoir d'ici trente ans entre 35 et 60 % de l'ensemble des déchets, selon les scénarios.

22 Quelle est la durée de vie des déchets ?

Jeter les déchets dans la nature, ce n'est pas sans conséquence ; ils y restent longtemps, parfois très longtemps, parfois des milliers d'années. Cette dégradation lente des matériaux ne veut pas dire biodégradable et les éléments qui les composent, notamment les matières plastiques, ne sont ni comestibles, ni assimilables.

La dégradation est principalement liée à la composition des déchets. Certains se dégradent plus vite, le plus souvent en raison de leur nature ou de leur origine organique. Le papier se dégrade sur des périodes pouvant aller de 2 semaines pour le papier toilette à 12 mois pour le papier journal. Il en est de même pour les bois de faibles épaisseurs comme les allumettes. Les papiers cartonnés et les cartons peu épais ont une durée de « survie » supérieure, de l'ordre de 1 à 5 ans. Qu'en est-il des tissus ? La bonne vieille chaussette de laine est susceptible de résister un an et un pantalon quelques années. En fait la durée de dégradation est sujette aux facteurs externes comme la luminosité qui affecte la photolyse de certains matériaux, la présence d'oxygène, moindre en profondeur, qui favorise la dégradation bactérienne aérobie ou les possibilités de fragmentation et d'abrasion, notamment sur les plages. Ainsi, la durée de vie des déchets est augmentée en profondeur. Pour les épaves antiques, les conditions favorables à

Durée de vie du métal : des dizaines d'années ! Pour certains matériaux comme les polymères, la durée de vie en mer est supérieure à l'intervalle de temps entre l'invention des produits et la date actuelle. On ne sait pas dire combien de temps, ils vont persister

la conservation du bois présentent un avantage patrimonial. Dans le cas des canettes métalliques, comme pour les déchets de caoutchouc, une durée de quelques années à une centaine d'années est possible selon la nature du métal, acier ou aluminium. Les métaux épais, boîtes, fragments de coques de navires ou munitions peuvent, quant à eux, persister des centaines d'années malgré leur possible apparente disparition, du fait du recouvrement ou des concrétions liées à la présence d'organismes se fixant dessus. La disparité des temps de dégradation est beaucoup plus importante dans le cas des polymères issus de la pétrochimie. De quelques années pour un mégot ou un emballage de bonbon à plusieurs centaines d'années pour certains emballages, couches ou tampons, les durées sont très variables. La question se pose cependant du recul nécessaire pour estimer la persistance. Seuls des travaux de laboratoire ou des expérimentations en surface ou à l'air libre ont été effectués et les valeurs réelles pourraient être quelque peu différentes en mer et en profondeur. Le problème posé par la dégradation des déchets en micro-particules et les conséquences environnementales connues peuvent être liés à un processus

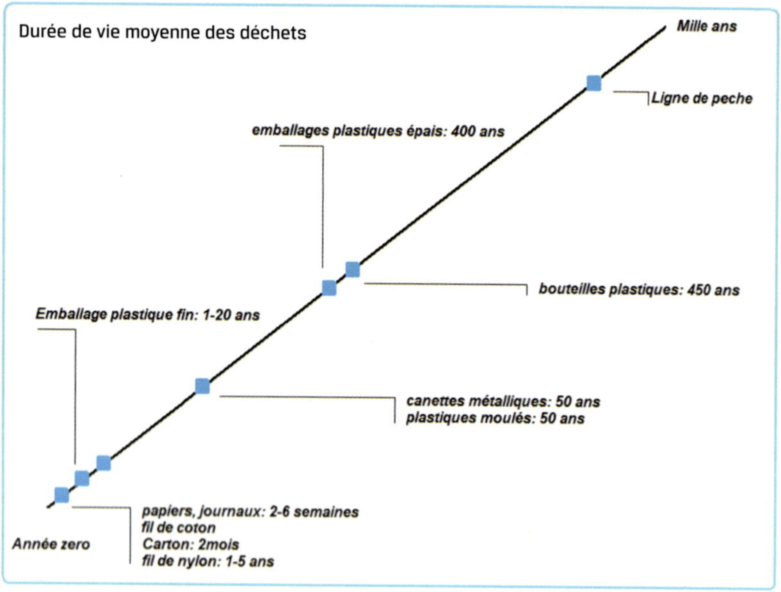

qui, en contrepartie, accélère leur dégradation du fait de l'augmentation des surfaces. Ce phénomène est connu pour les tessons de bouteilles sur les plages qui disparaissent de manière accélérée, en raison de l'abrasion par le sable jusqu'à se confondre avec les grains. Alors quels sont les matériaux qui se dégradent le plus lentement ? Une carte téléphonique ou un forfait de ski peuvent prendre plus de mille ans pour se dégrader, bien au-delà des fils de pêche en nylon qui persisteront 600 ans. Le polystyrène expansé risque également de persister des centaines d'années mais le record revient au verre, et à toutes ses formes, susceptible de persister des milliers d'années au point d'être considéré comme un matériau inerte.

23 Les amphores ne sont-elles que de vieilles bouteilles ?

Sur le plan environnemental ou d'un point de vue politique, économique et social, les principaux déchets comme ceux de plastique, liés à la pêche ou à des activités locales, sont à considérer en priorité. Les informations relatives à ces déchets peuvent faciliter les mesures de prévention ou les solutions en vue de leur limitation Mais comment ne pas s'attacher à glaner des informations originales sur des déchets singuliers ?

Totem constitué d'emballages plastiques, de bidons et de canettes. Libreville, Gabon, 2004

Lorsqu'un sous-marin plonge à 3 800 mètres dans l'Atlantique, près des Açores, trouve un siège de toilette posé sur le fond ou bien lorsqu'un morceau d'avion en polyester est remonté dans un chalut, cela attire l'attention que de manière anecdotique, mais à y regarder de plus près, certains déchets peuvent renseigner sur une source, le devenir, l'histoire et les propriétés des différents objets. Les amphores, parfois millénaires, ne sont-elles pas que de vieilles bouteilles ayant acquis, avec l'âge, une valeur patrimoniale ? La population est passée de un à sept milliards d'individus depuis cette époque et la rareté des bouteilles abandonnées, qui fait la valeur des choses, n'est plus d'actualité.
La chasse aux déchets n'est pas encore la chasse aux trésors mais de vrais trésors existent. Doit-on considérer les épaves comme des déchets abandonnés ? Certaines sont symboliques et riches d'enseignements mais on en immerge parfois pour protéger la faune, au travers de « récifs artificiels ». Les scories, ou débris issus de la combustion du charbon, fréquemment trouvées en Méditerranée permettent de visualiser les routes des navires à vapeur. On pourrait multiplier les exemples et dresser un inventaire d'objets insolites : poupées, père Noël, soutien-gorges, motos, pantalons étendus sur un câble de chalutier, bouteilles de champagne dans le golfe de Saint-Tropez, de vodka en mer Noire ou de bière en mer du Nord ou au large

de Marseille. La vue d'un réfrigérateur, flottant l'été sur la Côte d'Azur, est pour le moins surprenante, comme l'est l'oursin, couvert de plastiques aux inscriptions multicolores. La faune fixée sur ces déchets apporte également des informations. Ces « signatures biologiques » permettent de mesurer la durée de vie de ces objets dans l'eau, prolongée par le manque de lumière et le peu d'oxygène. Certains y sont pour longtemps, plusieurs millénaires pour les objets en verre, à plusieurs centaines d'années pour les plastiques denses. Ce n'est parfois que la quantité qui pose problème.

24 Comment évoluent les divers matériaux en mer ?

L'évaluation de la durée de vie en mer de certains matériaux est complexe compte tenu d'une durée de dégradation supérieure au temps écoulé depuis la création de ces matériaux. Si les objets de papier ou de carton ont une durée limitée en mer, de l'ordre de quelques jours à quelques mois, à l'inverse, le verre est considéré comme inerte et sa durée de vie est évaluée à plusieurs milliers d'années. En réalité, la cassure et l'abrasion des objets en verre est possible sous l'action des mouvements sédimentaires et des chocs. Cette fragmentation a pour effet une abrasion en particules de petite taille, amplifiée par une surface de contact plus importante. L'ultime étape est un lissage après mélange avec le sable dont ces particules deviennent des éléments constitutifs.

Les estimations sur la longévité des plastiques sont variables, — quelques centaines d'années —, en fonction de leurs propriétés physiques, chimiques et de leur épaisseur.

La production de plastique étant en augmentation et les plastiques conventionnels n'étant que lentement dégradés, il est inévitable que l'abondance de ces fragments augmente au cours des prochaines décennies. Ceux-ci ont une surface spécifique beaucoup plus importante par rapport à leur volume, et donc un plus grand potentiel pour le transport et le relargage de contaminants. Par ailleurs, le temps de dégradation est susceptible d'être considérablement augmenté en profondeur, où les concentrations d'oxygène sont faibles, et où la lumière est absente. En effet, les rayons du soleil sont capables de couper les liaisons des chaînes de polycarbonés. Toutefois, l'intensité de la lumière diminue de 75 % dès les cinq premiers mètres de profondeur. Les bactéries aussi dégradent

les plastiques, notamment par la présence de groupements réactifs — cétones ou esters — sur les surfaces. Sur les plages, la dégradation est principalement mécanique.
Les objets en plastique vont progressivement se fragmenter dans l'environnement en méso-particules (entre 5 et 25 millimètres) et micro-particules (inférieures à 5 millimètres). Il n'y pas de « limite inférieure de taille » mais des fragments de

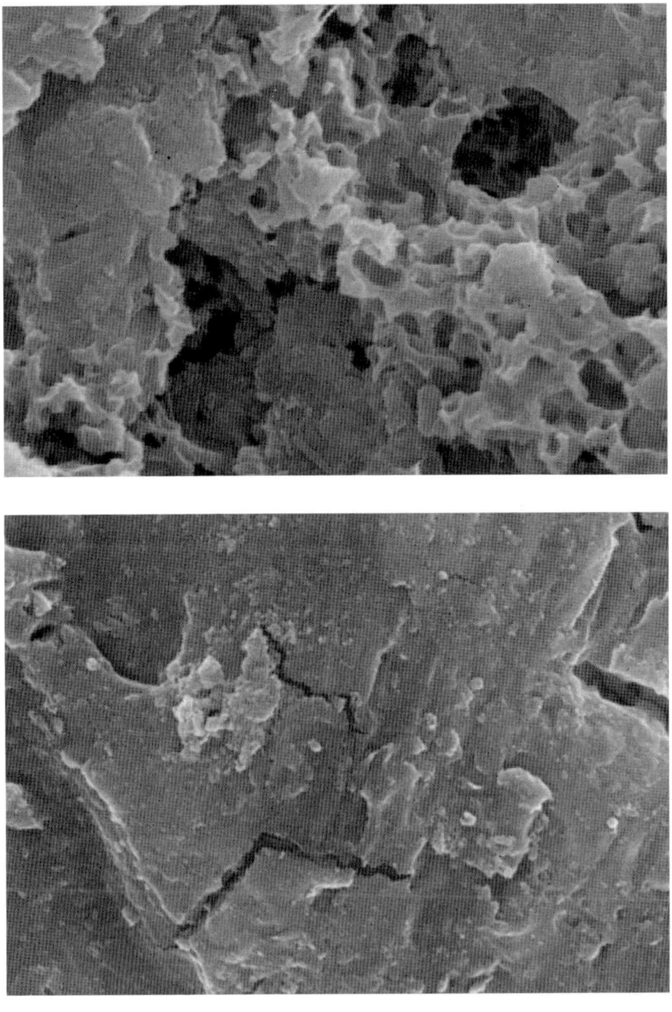

Microscopie électronique (grossissement x 5 000) de différents niveaux de dégradation de la surface de granulés industriels de polyéthylène prélevés sur les plages. L'analyse chimique montre que les principaux facteurs qui favorisent la dégradation sont la lumière, l'oxydation et la biodégradation bactérienne l'ordre d'un micromètre ont été détectés à l'aide de techniques spécialisées comme la spectroscopie infrarouge, suggérant de fait et également, la présence de nano-particules de taille encore inférieure.

La fragmentation ou l'abrasion des poudres, paillettes ou granulés d'origine industrielle (inférieures à 5 millimètres de diamètre) varie considérablement selon les habitats. Une étude en mer du Nord a montré qu'elles ne représentaient cependant qu'un faible pourcentage des micro-plastiques flottants, de l'ordre de 10 %.

L'impact des déchets sur le milieu

25 Y a-t-il des déchets mieux acceptés que d'autres ?

Les informations, issues d'enquêtes menées par le *Cedre* auprès des communes littorales, par le Conservatoire du littoral et des associations spécialisées dans le Var et dans la région de l'Atlantique Nord, précisent comment les déchets affectent les principales activités économiques en relation avec le milieu marin. Le tourisme balnéaire, la plaisance, la pêche, le transport maritime, l'aquaculture, les infrastructures portuaires sont toutes impactées par cette pollution.

Les déchets présents en bordure littorale dégradent son esthétique, et donc son attrait touristique. La qualité des plages et des eaux est primordiale pour l'activité économique des régions littorales, à plus forte raison dans les villes balnéaires.

Dans les enquêtes relatives à la perception du propre et du sale par les usagers des plages, les déchets ont été clairement décrits comme sales et non acceptables sur des zones de baignade. Le

Dauphin mort sur une plage de Vendée

mélange algues, feuilles de posidonies (en Méditerranée) et déchets s'est avéré être, pour les parents, facteur d'inquiétude devant leur impuissance à savoir si ces éléments naturels ne cachent pas d'objets dangereux pour leurs enfants. Les mégots ont été également désignés comme les déchets les plus dérangeants par 82 % des personnes interrogées.

Les macro-déchets présents sur une plage représentent un risque sanitaire pour les usagers, les exposant à de nombreux types d'accidents. Il est par exemple fréquent de trouver des morceaux de verre tranchants, des seringues ou fragments métalliques, visibles ou non, potentiellement dangereux pour les personnes exerçant leurs activités alentour.

Les déchets d'hygiène (préservatifs, applicateurs de tampon, serviettes hygiéniques), de médicaments (plaquettes et tubes parfois encore remplis) et les mégots, sont particulièrement préoccupants pour les enfants qui jouent sur le sable où des déchets dangereux peuvent venir s'échouer. Les usagers des plages sont alors les premiers à courir des risques.

Les macro-déchets les plus volumineux peuvent représenter des risques sérieux de collision, d'encombrement des hélices et circuits de refroidissement des navires, entre autres. Présents en surface, entre deux eaux ou sur les fonds, ils peuvent être pris dans les filets lors de la pêche. Ces accrochages génèrent parfois des coûts de réparation élevés.

Quant aux nettoyages mécaniques des plages, c'est là encore une dépense conséquente pour les collectivités locales. Les tamiseuses-cribleuses ne sont pas sélectives, elles prélèvent les matières organiques mortes, dont les laisses de mer, micro-écosystèmes primordiaux pour le développement d'espèces animales telles que les insectes et les oiseaux par exemple. L'usage de ces engins accélère l'érosion des plages en ramassant des quantités parfois importantes de sable ou de graviers, mais aussi en décompactant le sable, plus facilement emporté par le vent et les vagues, allant jusqu'à accélérer l'érosion et donc sa disparition sur les plages.

26 L'Antarctique est-il épargné par les déchets ?

Les déchets lourds vont couler, les plus légers vont flotter entre deux eaux ou en surface. Transportés par les courants, ils peuvent parcourir de longues distances et se retrouver très loin de leurs zones d'origine. Il sont partout ! Sur les plages, en mer, sur les fonds, ingérés, transportés et perdus, jusque dans les fonds les plus éloignés, au-delà du cercle polaire, sur les plages et dans les profondeurs de l'Antarctique. Même si les zones de convergence océaniques concentrent les déchets plastiques et leurs produits de dégradation, les micro-plastiques, les zones côtières demeurent les plus affectées. Logique, puisque ce sont celles qui reçoivent le plus de déchets. Près de zones industrielles d'abord, puis à proximité des estuaires, des villes ou sur les plages fréquentées par les touristes, c'est là qu'affluent les plus grandes quantités de déchets. Il s'agit de véritables décharges, parfois ignorées, souvent spectaculaires, qui vont servir de « réservoir » à un milieu marin qui s'en passerait bien. Les déchets sont parfois retenus dans les criques, les baies ou les anses fermées. Ils vont s'y échouer en quantité importante lors de tempêtes, mais cela reste le plus souvent local. La dispersion des déchets dans l'immensité océanique reste plus insidieuse que les déchets accumulés dans des zones visibles par l'homme.
Malgré le sous-échantillonnage de certaines zones, les quantités ont été évaluées en milliards d'objets de taille supérieure à 5 centimètres et environ 250 milliards de micro-particules pour la seule Méditerranée. Leur répartition est très inégale. Les micro-particules peuvent se localiser dans une petite partie seulement d'une plage et contaminer les couches profondes, parfois jusqu'à 2 mètres. En mer, la flottabilité des polymères limite les quantités en pleine eau et sur le fond. Ils y sont

cependant présents, en moindre quantité, mais beaucoup de polymères de forte densité se retrouvent sur les fonds.
Quelques questions subsistent toutefois quant aux zones les plus élevées, et pour les profondeurs océaniques les plus importantes.
Les scientifiques alertent sur un phénomène remarquable récemment constaté. Ils comptent les petits filaments textiles, de plus en plus souvent synthétiques, issus des eaux de lavage des machines à laver dans les collecteurs de filets à plancton. Parfois, dans certaines zones, ces filaments représentent presque la totalité des micro-déchets… Un scientifique anglais a montré que les filtres des machines à laver ne retenaient pas la plupart des filaments arrachés aux textiles au cours des lavages car trop petits. Avec des millions de cycles de lavages journaliers, l'absence de traitement ou la non-rétention de ces particules dans les processus des stations d'épuration, les rejets dans l'eau sont largement alimentés.

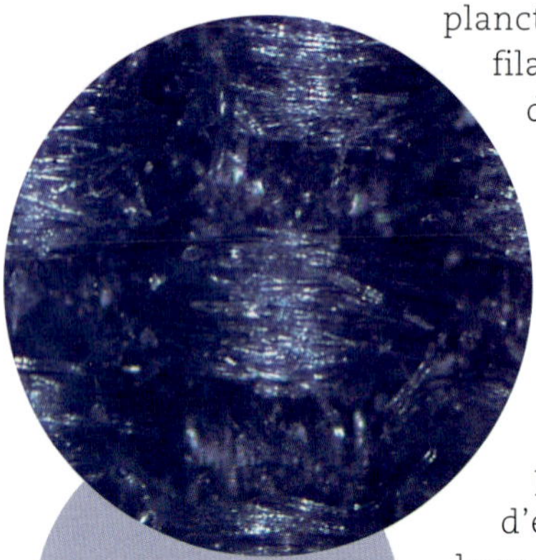

Les tissus synthétiques sont l'une des sources importantes des micro-plastiques en mer. Textile de polyester

La dispersion dans les organismes marins est inégale selon leur régime alimentaire et leur comportement. Les grands cétacés à fanons qui filtrent l'eau de mer ingèrent d'importantes quantités de micro-plastiques. Les tortues, quant à elles, mangent les plastiques flottants qu'elles prennent souvent pour l'un de leurs mets préférés : les méduses. Les oiseaux de mer, eux, piquent sur les morceaux de plastique qui flottent en surface. Les mollusques passent leurs journées à filtrer des mètres cubes d'eau contenant des micro-filaments… Le cycle des déchets en mer commence seulement à être compris ; les flux réels restent toutefois à quantifier pour une compréhension plus poussée de leur « biogéochime ».

27 Les déchets en mer sont-ils dangereux pour la faune et la flore ?

Les impacts observés en mer ont augmenté en nombre d'environ 40 % en 15 ans. Le nombre d'espèces affectées est passé de 247 à 663. L'analyse de la littérature scientifique permet à présent de décrire de manière exhaustive les effets des déchets sur la faune et la flore marines ainsi que leur fréquence. Ils concernent, pour la moitié, leurs prises dans les engins de pêche et leur ingestion et se situent principalement dans les régions développées. Elles ont cependant été décrites dans des zones considérées vierges comme l'Arctique ou l'Antarctique. Ces effets sont également liés à leur nature et à leur forme. Les engins de pêche — filets, nasses, pièges — abandonnés sont les plus dommageables pour la faune car ils sont conçus pour pêcher seuls. Les lignes de pêche, les cordages, les emballages et les sacs en matière plastique constituent une cause non-négligeable de mortalité ou de blessures, en raison des risques d'ingestion. Basée le plus souvent sur des critères généraux, l'évaluation des impacts repose sur la mesure de nombreux paramètres tels que comportementaux, physiologiques, voire biochimiques. Elle est établie selon des critères variés, qui peuvent aller jusqu'à reprendre ceux utilisés par la Croix-Rouge pour évaluer la gravité des blessures de guerre sur les êtres humains.

Chez les grands animaux marins, comme les cétacés, les pinnipèdes (otaries, lions de mer, phoques), les oiseaux, et plus particulièrement les tortues, l'ingestion d'objets peut conduire à des obstructions, voire des occlusions digestives, ces dernières aboutissant inévitablement à la mort sans intervention chirurgicale. Pour ces espèces, les occlusions sont avec les dommages causés par les engins de pêche lors des captures, les plus fréquents et les plus préjudiciables. Les mammifères et reptiles marins, qui respirent par des poumons, peuvent mourir noyés s'ils ne peuvent venir respirer à la surface, lorsqu'ils sont emmêlés dans les filets ; « l'étouffement » dans les filets de pêche conduit souvent à des mortalités directes. Mais les animaux peuvent parfois mourir longtemps après avoir été libérés par les pêcheurs, on parle alors de mortalité indirecte, telles les complications intervenant après des blessures profondes, le choc provoqué par la capture ou les lésions occasionnées par les hameçons.

Les mortalités directes peuvent affecter des populations entières, touchant des milliers d'individus, comme par exemple des phoques pris accidentellement dans les filets actifs ou abandonnés le long des côtes de l'Alaska. Les pêcheurs, conscients de ce problème, commencent à participer aux évaluations d'impact, et à transférer les animaux blessés vers des centres de soins. Chez les tortues marines, toutes les espèces sont affectées. En France, 36 % des tortues caouannes échouées ont des déchets dans leurs estomacs. Dans 80 % des cas, il s'agit de plastiques, confondus avec des méduses, alors que moins de 2 % de ces déchets sont en papier, métal ou verre.

Les conséquences sub-létales sont nombreuses et importantes. Elles peuvent altérer les capacités de chasse, de digestion, de fuite devant les prédateurs, de reproduction, voire même une dégradation de l'état général de l'animal et/ou de ses capacités locomotrices, telle la migration.

Les déchets peuvent avoir des effets secondaires réversibles qui n'affecteront pas de manière conséquente la vie des organismes. C'est le cas par exemple lors de l'ingestion d'une très faible quantité de déchets pouvant être éliminée par le transit ou bien encore l'abrasion superficielle de la peau causée par l'emmêlement dans certains déchets.

Les filets abandonnés ne pêchent pas que de grands organismes. Les poissons continuent d'être piégés, parfois pendant des années après l'abandon des filets, et l'impact réel de cette pêche « fantôme » sur les populations est mal évalué et reste souvent une énigme.

Les engins de pêche n'impactent pas les microorganismes. Mais les micro-particules, issues de la dégradation des déchets en mer, peuvent être ingérées par le plancton, les invertébrés filtreurs ou les poissons de petite taille. Les espèces vivant en

Tortue luth. Attirées par les appâts, les tortues confondent les plastiques avec leur nourriture (méduses par exemple) et se font piéger.

surface sont les plus affectées, d'autres espèces, comme certains clupéidés tels que les sardines ou les anchois, se nourrissent de plancton et donc en ingèrent. Les taux d'ingestion restent actuellement anecdotiques, inférieurs à 0,01 % des poissons. Aucun risque pour l'homme de retrouver des microplastiques dans son assiette !

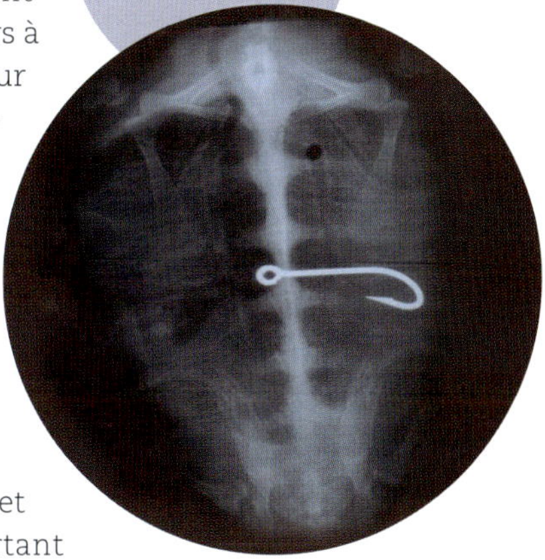

Radiographie de l'estomac d'une jeune tortue méditerranéenne

Outre les impacts directs, les déchets, notamment les emballages intacts et les filets ou leurs fragments, constituent des habitats possibles pour de nombreuses espèces. Ils favorisent la colonisation de nouveaux milieux, parfois distants de plusieurs milliers de kilomètres. Cet aspect est particulièrement important pour les espèces végétales ou animales dont le mode de reproduction, asexué ou non, est largement favorisé par la présence de stades planctoniques. L'ampleur du phénomène reste difficile à mesurer. Parmi les centaines d'espèces présentes sur des supports issus de déchets, seulement cinq vraiment invasives ont été décrites. À ce jour, peu d'études ont été menées, le risque demeure et les investigations restent plus que nécessaires.

L'altération des écosystèmes est un aspect important qui peut être lié à la modification des habitats. Des impacts en ce sens ont été démontrés pour les écosystèmes coralliens, pour les peuplements de sédiments meubles et sur les plages. La destruction sélective d'espèces importantes due à une activité de pêche intensive est le mécanisme d'altération le plus souvent décrit. Soixante-dix pour cent des biotopes d'une région peuvent être affectés par les filets abandonnés ou la simple présence de débris issus de la pêche.

28 Quels animaux batifolent dans les déchets en mer ?

Les premières descriptions de l'incidence des déchets sur les organismes marins en mer remontent à 1960. Depuis, les spécialistes essaient de comprendre leurs mécanismes et leurs impacts sur les différentes espèces et leur sensibilité particulière.

Presque tous les groupes zoologiques (mammifères marins, oiseaux, tortues marines, poissons, crustacés, mollusques gastéropodes, céphalopodes, bivalves, échinodermes...) sont affectés. On parle d'impact physique lorsqu'ils sont pris dans des filets et autres engins de pêche, ce qui génère étouffement, étranglement ou noyade. On constate aussi un impact biologique sur certaines algues, leur dispersion et leur reproduction pouvant être limitées pendant leur cycle biologique. On observe enfin un autre type d'impact : l'altération de l'équilibre des écosystèmes, engendrée par le transport d'espèces sur de longues distances. Les déchets sont bien souvent de confortables supports flottants pour les bactéries unicellulaires, les éponges ou hydraires, les vers, les bryozoaires, les insectes terrestres, les échinodermes, les ascidies et les algues. Certaines espèces, parfois terrestres, peuvent même être transportées. D'une manière générale, on dispose aujourd'hui de suffisamment d'arguments pour affirmer que la colonisation du milieu pélagique par des espèces benthiques est largement favorisée par les déchets.

Triste bilan quand on sait que l'identification des espèces affectées par les déchets est de 663 dont 161 d'oiseaux et 114 de poissons. Quinze pour cent d'entre elles figurent sur la liste rouge des espèces très menacées de l'Union internationale pour la conservation de la nature. En Europe, la tortue luth (*Dermochelys coriacea*) et la caouanne (*Caretta caretta*), le fulmar boréal (*Fulmaris glacialis*) et les phoques, sont des espèces particulièrement touchées, y compris leurs populations. Chez les invertébrés, la langoustine et les mollusques filtreurs sont, dans une moindre mesure, les espèces les plus atteintes.

Il n'y a pas de règle générale sur l'impact des déchets ; leurs effets pouvant être spécifiques pour certaines espèces (ou stades de développement), plus particulièrement sensibles. Le cas des juvéniles de tortues marines est intéressant et instructif. De petite taille à ce stade, ces organismes ont un comportement majoritairement passif en mer, évoluant dans les couches superficielles de l'océan. Véhiculés comme des objets flottants, ils se concentrent comme les déchets dans les zones océaniques de convergence. Ils sont alors bien plus exposés que les tortues sub-adultes et adultes, ou que d'autres espèces. Ainsi, dans la mer des Sargasses, où les jeunes tortues sont fréquemment associées aux bancs d'algues flottants, on a constaté que 13 % du contenu digestif des 1 884 juvéniles contrôlés étaient composés de déchets plastiques.

Autres scénarios d'impact parmi les plus fréquents : le piégeage d'un phoque dans un filet causant son asphyxie, ou une tortue jeûnant des semaines, voire des mois, suite à l'ingestion massive de déchets plastiques, un cétacé pris dans un cordage qu'il traîne pendant des mois, ou bien encore un oiseau présentant une occlusion suite à l'ingestion de plusieurs dizaines de morceaux de plastique flottants en surface... Ces exemples montrent comment un même type de débris peut affecter différemment la faune marine locale. D'une manière générale, les déchets liés à la pêche professionnelle et récréative sont une source majeure d'impact, particulièrement pour les oiseaux. Quant aux débris flottants et aux emballages plastiques de sub-surface, pris pour des méduses, ils constituent la « cible » privilégiée des tortues luth et caouannes.

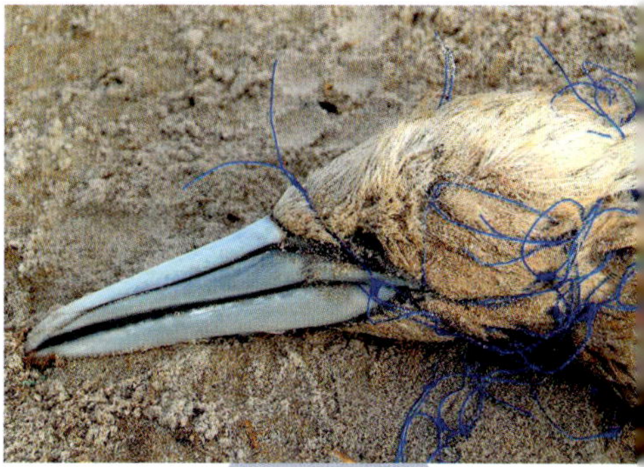

Fou de bassan étranglé dans un filet. Plage de la mer du Nord

29 Qui peut avaler des déchets sans tomber malade ?

Si l'ingestion ne semble pas altérer fortement les populations d'organismes marins, il est certain qu'elle altère les « performances » biologiques et écologiques des individus. Les facteurs environnementaux sont en effet trop complexes au niveau des populations ou des écosystèmes pour déceler, dans l'état actuel des connaissances, des altérations significatives à grande échelle.
Au niveau individuel, un nombre important de conséquences a été décrit incluant la diminution des capacités de préhension des proies, la digestion, l'appétit, la défense vis-à-vis des prédateurs et la reproduction. Classiquement, une baisse de l'état général, de l'indice de condition, des vitesses de déplacement, voire de migration des individus, sont connues et largement décrites par les spécialistes, notamment chez les oiseaux et les tortues.

Coupe histologique de glande digestive d'huître creuse *Crassostrea gigas*, contenant des billes de polystyrène fluorescent dans la lumière intestinale

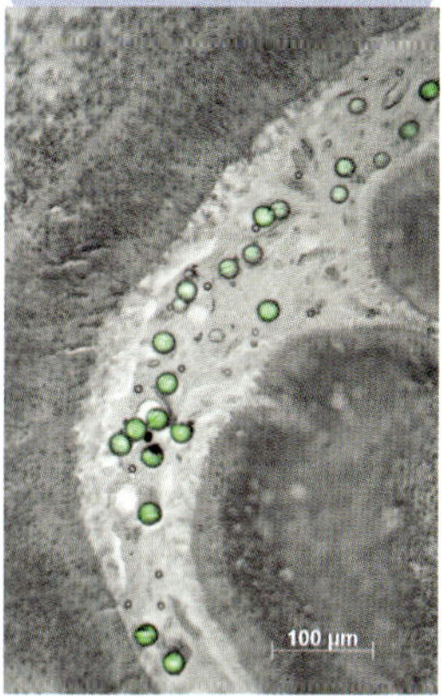

Les conséquences de l'ingestion ne sont cependant pas toutes identifiées ni complètement connues. Dans le cas des oiseaux, il semble que l'ingestion trans-générationnelle soit possible du fait du rôle joué par certains adultes dans l'alimentation de leurs juvéniles. Des altérations sont possibles au niveau des tissus, de l'inflammation à la perforation, avec pour conséquence — en raison d'une durée de transit intestinal pouvant aller à plusieurs semaines ou mois — des blessures pouvant altérer directement la digestion, et favoriser ponctuellement le transfert de contaminants. Ces conséquences concernent également les micro-plastiques.

Débris ingérés par un fulmar *(Fulmaris glacialis)* en mer du Nord

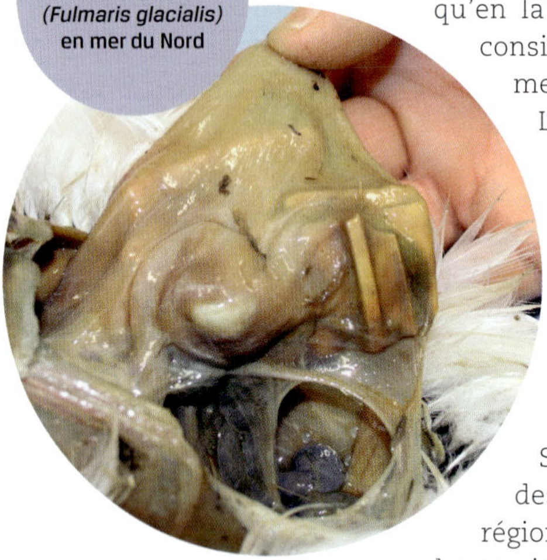

Au niveau cellulaire, les impacts ne sont connus qu'en laboratoire. Ils ne peuvent être considérés sur le plan environnemental, seulement toxicologique. La phagocytose des particules par les cellules intestinales ou l'impact toxicologique des constituants chimiques associés aux plastiques sont connus mais ne sauraient être interprétés dans un contexte environnemental car limités aux expérimentations.

Si la dispersion des oiseaux ou des tortues touche de grandes régions océaniques compte tenu de leurs aires de répartition et de leurs migrations, il existe des zones défavorables en raison de facteurs influant sur la répartition des déchets. De même, pour certaines espèces, la sensibilité est variable selon l'âge ; les jeunes pouvant être très touchés comme chez les phoques. Le pourcentage des individus affectés peut être très important. On observe des déchets dans l'estomac de 37 % des poissons-chats du Rio de la Plata. Chez certaines populations d'oiseaux comme les puffins des Canaries ou plusieurs espèces d'albatros du Pacifique, ce sont plus de 80 % des individus qui sont touchés. Les poids moyens des déchets dans les contenus stomacaux peuvent aller au-delà du gramme. Dans le cas du fulmar de la mer du Nord, un scientifique hollandais, Jan van Franeker, évalue le poids moyen à 0,385 gramme par individu, 92 % des individus affectés et une moyenne de 37 morceaux de débris d'origine anthropique par individu. Cette valeur n'est pas significative en soi, mais extrapolée à un humain de 70 kilos, cela représenterait environ 60 grammes par individu. Une telle quantité moyenne chez l'homme aurait sans nul doute conduit depuis de nombreuses années à des mesures et réglementations drastiques.

30 Pourquoi les filets tuent-ils autant ?

Cela fait des dizaines d'années que l'étranglement ou l'étouffement dans les filets, les lignes de pêche abandonnées ou les emballages plastiques, le plus souvent circulaires, sont reconnus comme une cause majeure de décès chez les organismes marins. Les associations évaluent respectivement à 100 000 et environ un million le nombre de mammifères marins et d'oiseaux qui meurent ainsi chaque année dans le monde. Dès les années 1980, plus d'une centaine d'espèces étaient déjà identifiées comme sensibles à ce risque, notamment les pinnipèdes (phoques, otaries ou lions de mer), mais également les tortues. Toutes les espèces de tortues marines sont concernées, on estime à environ 50 000 tortues luth et 200 000 tortues caouannes prises chaque année dans les filets perdus ou abandonnés.

L'étouffement et l'étranglement sont souvent mortels. Ils peuvent aussi générer des blessures irréversibles de l'animal, affectant la nage, le comportement général ou reproducteur.

Des zones sont particulièrement concernées dans le monde par la présence de ces grandes quantités de

Tortue luth étranglée par un filet de pêche et échouée sur une plage de Guyane

déchets ou de ces populations les plus sensibles. Ainsi, les côtes occidentales des États-Unis pour les phoques et les lions de mer, les cétacés dans l'Atlantique et le Pacifique Nord-Ouest, les phoques en Australie orientale, en Afrique du Sud et en Alaska, les phoques et les oiseaux de la Manche et de la mer du Nord, les pélicans en Californie et les tortues dans le nord de l'Australie sont autant d'exemples de zones de fortes mortalités.

D'une manière générale, les chiffres sont largement sous-estimés du fait de l'absence de suivi et de déclarations. Une proportion importante des organismes est susceptible de mourir en mer, et du fait des échouages, une partie seulement sera prise en compte dans les évaluations.

Dans des cas limités, les impacts individuels des déchets peuvent toucher une population, notamment les espèces les plus rares. Pour les phoques des régions méditerranéennes, d'Alaska ou d'Hawaii, l'étouffement et l'étranglement sont les principales causes de mortalité. En Angleterre, les études ont montré un taux d'étranglement allant de 3,6 % à 5% des phoques gris, suivis individuellement sur une période de 5 ans. Sur 15 cas, 14 étaient le fait d'engins de pêche. Malgré les interdictions, notamment en Europe, environ 500 navires utilisent encore les filets dérivants en Méditerranée, responsables de la mortalité d'environ 10 000 cétacés par an, principalement des dauphins.

31 Les déchets plastiques sont-ils les plus toxiques ?

Bien évidemment, il y a des déchets toxiques industriels rejetés à la mer, accidentellement ou non ; il y a des munitions immergées, il y a des déchets toxiques sur les plages (médicaments ou produits chimiques) mais qu'en est-il des déchets qui flottent au large ou sont sédimentés à de grandes profondeurs ? Les animaux qui filtrent leur nourriture sont nombreux dans les océans. Du plancton aux baleines, tous ingèrent des déchets, surtout de petite taille. Comme il n'existe pas de mécanisme de dégradation enzymatique spécifique des polymères, ceux-ci ne sont pas digérés et peuvent persister dans l'estomac. D'un point de vue chimique, et sans prendre en compte les apports accidentels, les risques les plus importants sont liés aux polymères et leurs propriétés. Entre les constituants propres de ces polymères (polyéthylène, polypropylène, polycarbonates, polyvinyles, polystyrènes, etc.), les agents liants que sont principalement les phtalates, les additifs comme les bisphénol A et les composés chimiques adsorbés sur les plastiques, on peut dire que de nombreuses molécules présentent potentiellement un risque pour les organismes marins, voire pour l'homme. Ces molécules peuvent être solubilisées suite à la dégradation des matériaux, ou simplement détachées de leur support dans le cas des contaminants chimiques fixés, notamment pour les contaminants organiques persistants.

Diffuses ou aiguës, les pollutions chimiques associées aux déchets sont un risque important pour l'environnement et parfois les hommes. Les risques de toxicité sur les plages sont encore mal évalués

Le relargage des constituants des polymères lors de la dégradation ou par lessivage reste très faible par rapport aux apports à la mer, par les rivières ou l'atmosphère. On est loin dans les océans, des concentrations, pourtant très faibles, décelées dans l'eau ou le lait des biberons.

Le risque posé par les fortes concentrations de contaminants persistants, adsorbés sur certains plastiques, peut être par contre significatif. L'eau de mer contient des molécules aussi diverses que les insecticides, pesticides, hydrocarbures et autres contaminants émergents. Certains de ces polluants comme les polychlorobiphényles (PCB), polybromo-diphényl-éthers (PBDE), et les acides perfluoro-octanoïques (PFOA) ont des constantes de solubilité qui favorisent leur adsorption sur les polymères, parfois jusqu'à plus de 10 000 fois, notamment sur le polyéthylène. À titre d'exemple, des concentrations supérieures à 2 µg/g de plastique et 0,7 µg/g de plastique ont été retrouvées sur les plages, respectivement pour les hydrocarbures et les insecticides de la famille du DDT. Les concentrations sur les plastiques flottants en mer sont équivalentes. De plus, la dégradation des plastiques favorise la fixation des métaux, notamment dans les anfractuosités des surfaces altérées.

La toxicité de ces composés est connue et décrite dans la littérature scientifique. Il faut cependant des situations très particulières pour observer des toxicités liées à la présence de déchets. Dans le cas de certaines espèces d'oiseaux marins, l'ingestion de nombreux objets flottants, pris comme nourriture, provoque une accumulation de ces objets dans l'estomac. Le lessivage des débris ingérés peut provoquer un relargage de contaminants associés qui se traduit par une augmentation de leur concentration dans le sang. Le problème ne concerne pas les populations entières d'organismes mais seulement quelques individus de quelques espèces susceptibles d'ingérer de grandes quantités de déchets. Le transfert de polluants, issus de plastiques, dans les voies métaboliques a bien été démontré par les scientifiques, notamment de polychlorobiphényles, mais reste bien en-deçà des quantités ingérées par les voies alimentaires classiques, en raison, d'une part, du transfert dans les chaînes trophiques ou alimentaires et, d'autre part, par la diffusion passive des contaminants dissous dans les zones polluées, urbaines ou industrielles.

32 Les déchets en mer peuvent-ils flotter longtemps ?

Les espèces peuvent utiliser les débris dans l'océan pour se fixer et se déplacer vers de nouveaux territoires. Ce type de dispersion n'est pas vraiment nouveau car les bois morts, les cendres volcaniques, les noix de coco ou autres fruits flottants sont, depuis des millions d'années, les supports favoris de la colonisation par voie maritime. Le problème actuel ne se situe pas à cette échelle géologique. Il vient de la multiplication récente des déchets et des micro-déchets flottants, le plus souvent des plastiques, qui favorisent leur dispersion. Sans bruit, de manière passive, sans contrôle des espèces, des supports et du transport, le problème est bien là et d'ampleur. Près d'un milliard d'objets et quelque 250 milliards de microplastiques flottants en Méditerranée sont autant de supports pour des espèces dites « invasives ». Leur avantage ? La longévité en mer, surfaces favorables à l'attachement avec la possibilité d'un transport vers des zones nouvelles. Quels sont les effets de cette dispersion ? Les espèces invasives ont le pouvoir d'altérer la composition des écosystèmes. En compétition avec d'autres congénères, elles peuvent les ingérer, apporter des maladies, modifier la diversité génétique, en se reproduisant avec des espèces ou des variétés locales. Le phénomène touche toutes les zones océaniques et les abords de tous les continents. Comment ne pas considérer comme un problème majeur, l'arrivée de 54 espèces nouvelles sur les côtes du

Canada, fixées sur des débris de grosse taille, ayant circulé des mois dans le Pacifique Nord après le tsunami de 2011 au Japon ? Dans ce cas, les mesures de prévention, visant à couler ces objets au large afin de limiter les risques, ont permis de prévenir leur arrivée massive sur la côte. Mais les conséquences sur le milieu profond restent inconnues. Ces zones ne sont pas épargnées par les déchets immergés sur l'ensemble du

Pouces-pieds ou cirripèdes (crustacés) fixés sur des déchets. La présence de déchets en mer favorise le développement de certaines espèces d'où un risque de transport vers des zones où elles n'existent pas naturellement

globe et soumis aux courants profonds d'intensité parfois importante. L'analyse des objets, dont certains colonisés, immergés au-delà du cercle polaire arctique, atteste d'un possible transport sur plusieurs milliers de kilomètres.

33 Qui s'abrite ou élève ses petits dans les déchets ?

Entre les effets négatifs sur la faune, la pollution, la biodiversité, la pêche, le tourisme et la sécurité maritime, il est bien difficile de trouver quelques aspects positifs à la présence des déchets en mer. Le plus spectaculaire, et le plus commun, est la constitution d'abris improvisés pour la faune. Certaines espèces, comme les poulpes, ont un mode de vie qui les conduit à rechercher des abris. La présence de macro-déchets, de nature et de taille diverses, est une véritable aubaine pour ces individus (épaves qui abritent et protègent un univers riche en diversité dont de nombreuses espèces de poissons). Ces déchets peuvent favoriser le repeuplement au point que l'homme les utilise comme récifs artificiels pour repeupler, entretenir et favoriser les écosystèmes. Approche intéressée diriez-vous ? Certes, un « équipement » précieux pour le maintien de populations d'espèces marines, de nurseries, en vue du repeuplement ou de l'amélioration des stocks de pêche, donne un avenir à

Pontes de céphalopodes et vers encroûtants fixés sur des morceaux de polyéthylène immergés, dans le golfe de Thessalonique

Dans les pays les plus pauvres, la réutilisation des emballages limite de manière significative les apports à la mer (Mexique)

certains de ces macro-déchets. Si les récifs sont de plus en plus artificiels, l'utilisation des divers déchets, voire des résidus industriels non toxiques telles que des briques ou superstructures fabriquées avec des matériaux non recyclables, est une source possible de support, pour les espèces fragiles en particulier. Ainsi, les langoustes, les poulpes, certains invertébrés sessiles y trouvent-ils leur compte, de même que les organismes vivant en pleine eau, comme les seiches ou calmars dont les pontes se fixent fréquemment sur de vieux fragments immergés. Outre les détritus sur le fond, il semble que la présence de micro-plastiques en mer puisse servir à la dissémination de quelques espèces fragiles en favorisant leur maintien. Il ne s'agit là ni de soutenir ni de favoriser le transport d'espèces invasives, parfois toxiques, mais simplement d'admettre qu'une espèce très sensible peut bénéficier du support de certains déchets, pour se développer et se maintenir dans son biotope naturel. Les cirripèdes — crustacés sessiles et pélagiques — sont largement favorisés par la présence de déchets flottants qui constituent des supports pour se maintenir dans des zones océaniques où ils sont déjà naturellement présents.

L'un des aspects les plus curieux, mais attendu, de la présence des micro-plastiques en mer est leur capacité à adsorber les polluants hydrophobes ou faiblement solubles dans l'eau. Ces micro-plastiques, du fait de leur rapport important volume/

surface, concentrent les polluants organiques. Pour certaines molécules, cela peut aller jusqu'à plusieurs milliers de fois les concentrations du milieu. Ils agissent donc en buvard vis-à-vis de ces molécules et constituent des formes de stockage. Le relargage de ces polluants peut présenter des risques sur le plan de la toxicité, quelques spécialistes estiment qu'ils éliminent certains polluants du milieu et pourraient limiter les concentrations dans l'eau de mer. D'autres suggèrent même une adsorption des polluants sur les plastiques ingérés par les organismes permettant, *via* l'excrétion, leur élimination.

Dernier exemple anecdotique, l'eau de mer possèderait des propriétés propres à la conservation des alcools (faible dégradation grâce à la faible quantité de lumière et d'oxygène, surtout en profondeur). Cette propriété a été mise à profit pour la conservation et le stockage de longue durée par immersion du vin, par exemple. Elle garantit également la qualité des « bouteilles de rhum » perdues, il y a quelques siècles, et qui ont acquis avec le temps une valeur patrimoniale.

34 Qui voyage en clandestin sur les déchets ?

Les espèces voyagent sur les déchets au gré des courants et parfois des vents, en quelque sorte un voyage de découverte, mais toutes les espèces ne sont pas logées à la même enseigne. Des espèces représentantes de la plupart des groupes d'invertébrés ont été trouvées sur ces « radeaux » de fortune, constitués de plastique pour la majeure partie. Les bryozoaires, les crustacés des familles de crabes et pouces-pieds ou cirripèdes, les vers, les hydraires et les mollusques se fixent facilement sur ces supports et dérivent parfois sur de très longues distances. Une étude a montré qu'environ 60 % des déchets échoués sur les plages des Seychelles étaient porteurs d'espèces fixées et potentiellement invasives. Ce phénomène n'est, semble-t-il, pas rare en Antarctique. À titre d'exemple, dix espèces ont été dénombrées sur un seul morceau de plastique échoué sur l'île d'Adélaïde à 68° sud. On peut toujours espérer que ces « nouvelles » espèces ne survivront pas. Il n'en reste pas moins, que de nombreuses barrières à la colonisation ont été franchies avec ce type de transport. Les organismes unicellulaires sont également présents sur des débris flottants. Des foraminifères ou des ciliés sont fréquemment observés, de même que les algues. Ces dernières profitent d'un ensoleillement pour le

Algues ayant colonisé un fragment de micro-plastique

moins favorable à la colonisation du support comme elles le feraient dans les piscines en polyester. Même les bactéries sont transportées, parfois pathogènes pour des organismes marins comme pour l'homme (les *vibrios* entre autres). Un véritable nouvel écosystème que cette « plastiphère » dont les conséquences ne sont pas encore maîtrisées.

Ces supports-habitats peuvent favoriser la reproduction. La découverte récente de l'insecte l'*Halobates sericeus* vivant sur des plastiques flottants dans le Pacifique en est une parfaite illustration. Une étude réalisée en 2005, a démontré que la propagation des espèces dans les eaux subtropicales a quasiment doublé du fait des débris. Elle a triplé dans les eaux tempérées. Les risques et les conséquences de ces évolutions ne sont actuellement ni connus ni maîtrisés.

35 L'eau est-elle vraiment propre quand les déchets ne se voient plus ?

À priori, on pourrait penser que la dégradation des déchets en mer permet la disparition de leurs impacts. Le problème est cependant complexe. Si les effets sont liés aux particules adsorbées à la surface comme dans le cas des déchets métalliques ou plastiques, leur dégradation en micro-particules augmente considérablement les surfaces de contact et favorise

La fragmentation des déchets peut multiplier le nombre de particules pouvant être ingérées par les organismes, y compris ceux de plus petite taille, et favoriser le transport d'espèces. En ce sens, le polystyrène est particulièrement important en milieu côtier

le relargage des produits chimiques adsorbés, voire des constituants des polymères. En se fractionnant, certains matériaux augmentent les échanges avec le milieu environnant, échanges qui permettent la concentration et le transport de contaminants organiques hydrophobes tels que PCB, hydrocarbures et pesticides présents dans l'eau de mer. Les risques de contamination du milieu sont cependant quasiment nuls au regard des apports à la mer des grandes zones portuaires, urbaines et industrielles. Avec une distribution spatiale analogue à celle du plancton de surface, les particules flottantes contaminées sont introduites par ingestion dans la chaîne trophique. Les petits poissons consommeront les petites particules quand les grands organismes ingéreront les plus gros déchets. En termes d'effets sur le métabolisme, les risques sont limités mais encore mal connus. Là où le risque doit être considéré, c'est lorsqu'un déchet se dégrade en plusieurs milliers, voire dizaines de milliers, de petits fragments susceptibles de favoriser la dispersion des espèces. La dégradation peut alors avoir un effet catastrophique, il convient de trouver au plus vite des matériaux adaptés.

L'inclusion de matières dégradables dans les polymères pour favoriser la dégradation des emballages est apparue, il y a peu, comme une solution. En réalité, seuls les constituants organiques, le plus souvent des polysaccharides comme l'amidon, se dégradent rapidement. L'utilisation de produits 100 % biodégradables permettrait l'élimination biologique de la totalité du matériau. Cette solution est complexe à mettre en œuvre pour des raisons économiques, les contraintes industrielles ne permettant pas actuellement de généraliser des solutions techniques alléchantes au niveau d'un laboratoire. Les biopolymères ne constituent pas une solution durable au problème de la dégradation, le préfixe « bio » indiquant que ces polymères sont d'origine biologique alors qu'ils sont toujours issus de la chimie de synthèse. Malheureusement, leurs propriétés restent les mêmes que les polymères de synthèse car ce sont les mêmes matériaux.

36 Les déchets génèrent-ils des micro- ou macro-impacts ?

Même s'il est parfois difficile d'évaluer de façon précise l'ampleur des impacts négatifs des macro-déchets sur le milieu naturel, sur la faune marine, sur la santé humaine, et d'en mesurer les conséquences économiques directes ou indirectes, on est bien en présence d'une pollution visible, aisément identifiable. Elle a d'ailleurs été longtemps considérée comme une nuisance surtout esthétique. En revanche, la pollution du milieu marin par les micro-déchets est moins visible à l'œil nu et, par conséquent, elle est plus pernicieuse.

Les macro-déchets en milieu aquatique, en dégradant les paysages et les usages d'agrément, ont un impact direct sur la fréquentation touristique. Le nettoyage des plages, des ports, et parfois même des eaux de surface, est souvent nécessaire, en période estivale surtout, même s'il s'avère onéreux pour la collectivité.

Les micro-déchets, de par leur taille, ne peuvent être retirés du milieu marin, ni même du littoral. Leur présence, parfois sous forme de granulés plastiques industriels ou larmes de sirènes, représente un risque potentiel, pour les enfants, entre autres. Contrairement aux macro-déchets, les micro-déchets, lors de leurs déplacements, ne peuvent pas porter atteinte à la sécurité de la navigation et aux activités professionnelles de pêche. Ils restent, au même titre que les macro-déchets, un moyen de transport pour certaines espèces vivantes, animales ou végétales. Le risque est toutefois plus important du fait de la multiplication du nombre de particules constituant les supports. Les organismes véhiculés ont le temps de s'adapter aux modifications climatiques et à la composition des eaux, vu la lenteur des déplacements des déchets. On sait maintenant que la présence de déchets jetés à la mer aurait quasiment doublé le nombre d'espèces invasives dans les régions

Difficile parfois de voir des différences dans l'impact des micro- et des macro-déchets

subtropicales, voire triplé à des latitudes supérieures. Les micro-déchets en sont largement responsables.
Les macro-déchets constituent des pièges physiques et des leurres provoquant des étranglements ou des immobilisations chez quelques espèces comme les tortues ou les mammifères marins. Si les effets restent moins spectaculaires, des études scientifiques révèlent que les micro-déchets sont susceptibles de bloquer les systèmes digestifs et respiratoires de certains individus du plancton. L'ampleur du phénomène est mal connue et probablement peu conséquente en termes d'environnement.
Pour certains, l'impact le plus préoccupant reste le risque de contamination de la chaîne alimentaire. La confusion possible entre plancton et micro-particules de plastique, qui évoluent dans le même milieu, est un danger important pour la qualité de l'alimentation des poissons. Les micro-plastiques ingérés transitent quelques jours seulement dans l'intestin et ne sauraient être transférés par voie alimentaire dans les réseaux trophiques. Le risque de contamination et d'intoxication reste limité, la fixation des contaminants chimiques (PCB, hydrocarbures, pesticides...) sur des supports plastiques semble réversible, liée à la simple contamination du milieu environnant. Le niveau de contamination ne reflète ainsi que celui de la contamination ambiante de l'eau, potentiellement plus dangereuse pour les organismes marins filtreurs.

37 Quel rôle jouent les nano-particules dans le milieu marin ?

L'eau de mer contient naturellement des micro- et nano-particules (inférieures à 100 nanomètres). Ces particules sont issues de la dégradation de la matière vivante ou de sédiments, voire d'agrégats. Les nano-particules, nées du vieillissement des micro-particules, restent un sujet préoccupant. Sont-elles susceptibles de persister dans les océans ? Dans l'air et dans l'eau, elles sont le plus souvent agrégées et peuvent être consommées par des filtreurs. De taille comparable aux microorganismes et aux algues du picoplancton, elles constituent le compartiment le plus important du plancton et joue en rôle primordial dans la production primaire. Les interactions avec ces espèces sont donc essentielles.

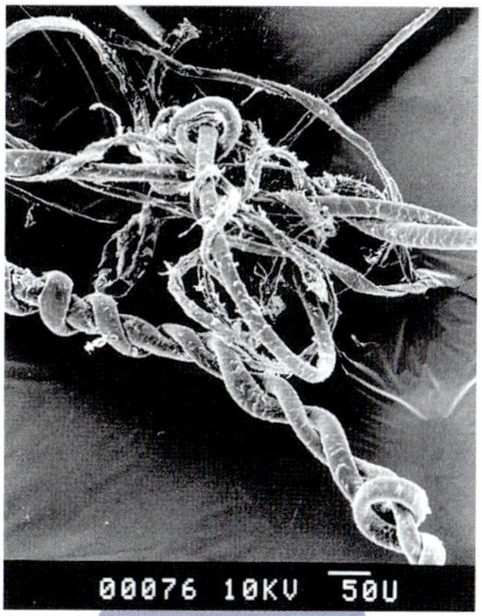

Fibres récoltées en mer vues au microscope à balayage

Les principales nano-particules connues que sont les oxydes, les nano-tubes de carbone sont toxiques vis-à-vis des algues, du zooplancton, des bivalves, des embryons de poissons et des poissons adultes. L'extrapolation aux particules issues de la dégradation des polymères est toutefois délicate. Leur taille critique en font des proies susceptibles d'être phagocytées par certaines cellules où elles peuvent jouer le rôle de vecteurs de contaminants.

38 La Méditerranée est-elle une zone très sensible ?

Berceau de la civilisation occidentale, bassin de vie depuis l'aube de l'humanité, la Méditerranée concentre dans les pays riverains une population humaine de 427 millions. En 2025, les démographes prévoient une population de 519 millions d'habitants sur le pourtour méditerranéen, avec une augmentation majoritaire sur la rive sud. La production des déchets est, elle-aussi, en constante augmentation alors que les équipements techniques pour les traiter sont encore trop peu opérationnels dans les pays du sud et de l'est de la Méditerranée.

Inévitablement, la mauvaise gestion des déchets entraîne un transport important des déchets vers la mer.
La Méditerranée, mer fermée dont les eaux ne se renouvellent intégralement qu'en 90 ans, est particulièrement exposée à la pollution par les déchets marins. Les études consacrées au sujet ont établi qu'elle est la région marine française la plus affectée et menacée par ce type de pollution, aussi bien flottante que sur les plages ou dans les fonds marins. Les échanges, minimes avec l'océan Atlantique ne permettent pas d'entraîner les déchets par le détroit de Gibraltar. Le manque de forts courants et la faible amplitude des marées (de 30 à 50 centimètres environ) ne fait qu'amplifier le problème.
L'urbanisation de son littoral, son fort potentiel touristique et les apports des fleuves sont les principales sources de déchets à la mer ou déposés sur les zones côtières. Les 46 000 kilomètres de littoral méditerranéen accueillent une population côtière grandissante, avec des zones fortement urbanisées et un afflux touristique saisonnier surabondant. Il devient donc urgent de gérer les rejets occasionnés par la fréquentation des rivages, ce qui n'a été mis en œuvre que depuis une quinzaine d'années environ, à l'aide d'un équipement encore insuffisant en matière de station d'épuration, d'usine d'incinération, ou de dispositifs de nettoyage du littoral.
Les plastiques représentent de 70 à 80 % des déchets observés sur le littoral, sur les fonds et à

Benghazi (Libye, 2009), plage urbaine...

la surface de la Méditerranée. La température, et surtout l'ensoleillement particulièrement élevé, participent au processus de morcellement du plastique en particules de plus en plus fines. Leur présence en quantité alarmante, estimée à 250 milliards en 2010, a fait prendre conscience de l'ampleur du problème. S'il existe des zones de convergence dans les grands bassins océaniques, les méandres des courants méditerranéens ne sont cependant pas permanents et les « gyres », dites à « méso-échelle » car de taille intermédiaire — de quelques dizaines de milles — ne sont pas permanentes. Il s'en suit une localisation très difficile à prévoir et des mécanismes de circulation plus difficiles à comprendre.

Déchets flottants dans la rade de Marseille

Des campagnes de chalutage effectuées sur les plateaux sont complétées par les observations issues du traitement d'images vidéo, réalisées à l'aide de submersibles habités et d'engins télé-opérés. Elles révèlent des accumulations de déchets de formes diffuses et massives sur les fonds de la Méditerranée. Ils sont moins présents dans les petits fonds car poussés par les courants. Ils sont emportés soit vers le large, soit vers la côte, où ils s'échouent le long du littoral. Ils s'accumulent alors dans les profondeurs des canyons, souvent près des grandes agglomérations, à l'abri des courants et de la lumière, ce qui ralentit considérablement leur dégradation. Cette situation est particulièrement marquée dans le nord du bassin occidental, en France et en Espagne, en raison de la forte densité de population.

Les transports transfrontaliers jouent également un rôle important dans la distribution des déchets de cette région. Le cas des eaux françaises méditerranéennes est à ce titre intéressant. On retrouve par exemple, des déchets en provenance d'Italie sur les plages de Corse et de la Côte d'Azur, transportés par le courant ligure qui se forme le long des côtes italiennes.

En revanche, le débit important du Rhône et les régimes de vent violent (mistral et tramontane) sont responsables d'apports vers l'Espagne et la Sardaigne. De la même façon, les déchets circulent de l'Égypte vers l'Israël, puis le Liban, la Syrie, la Turquie et la Grèce, ou le long de la côte orientale de l'Adriatique pour finir sur les côtes italiennes. Les volumes d'eau écoulés à la mer par les grands fleuves, comme l'Èbre, le Rhône, le Pô, le Nil et la Medjerda, constituent des apports conséquents de déchets mais les secteurs côtiers qui leurs sont associés peuvent ne pas être touchés en raison des débits importants, poussant les eaux vers le large. Globalement, les volumes d'eau amenés par les fleuves représentent 40 % des apports à la Méditerranée, avec toutefois de grandes disparités entre le nord « humide » et le sud « sec », entre la zone nord-ouest alimentée par des fleuves puissants et le nord-est alimenté par de petits fleuves. La situation n'est, à l'heure actuelle, pas équilibrée et si beaucoup de progrès sont encore à faire en Méditerranée nord-occidentale, le problème reste entier sur les rives sud et est de la Méditerranée où l'état de la pollution est parfois dramatique. Dans certains golfes d'Afrique du Nord, par exemple, les pêcheurs arrivent à pêcher 50 % de déchets et 50 % de poissons !

Quelques avantages toutefois à cette situation de mer fermée. Il est plus aisé d'y contrôler les mouvements et les échanges, et de localiser les sources et les zones de dépôts des déchets marins. S'il reste difficilement envisageable de nettoyer l'ensemble de la Méditerranée, des mesures prises à la source pourraient être d'une efficacité redoutable.

L'impact des déchets sur l'homme et ses activités

39 Quels sont les impacts des déchets sur la pêche professionnelle ?

Nombre d'études ont été réalisées ces dernières années sur les volumes et les origines des déchets produits par la pêche professionnelle (matériel de pêche perdu, etc...) et l'affectant, au détriment des aspects sociaux et économiques. Les déchets en mer créent un problème qui affecte toutes les communautés et méthodes de pêche.

Les déchets les plus encombrants présentent des risques pour la navigation (collision, enroulement dans l'hélice, obstruction des circuits de refroidissement...). Les réparations des bateaux endommagés par les collisions et les pannes occasionnent des frais considérables aux patrons-pêcheurs. Les autorités portuaires du Royaume-Uni évaluent à environ 180 par an le nombre d'incidents ou accidents de navigation dans les eaux territoriales. En France, le nombre de cas est du même ordre de grandeur, soit un coût d'environ 150 à 500 euros pour des

Pêche en Méditerranée. Le nettoyage des filets encombrés par les déchets et le tri nécessaire peuvent représenter des heures de travail supplémentaires pour chaque sortie et chaque bateau

nettoyages simples à plusieurs milliers d'euros pour les opérations de remorquage ou de grutage.

Au Japon, une étude menée sur l'assurance des navires de pêche a fait apparaître que les dommages et les pertes entraînés par les collisions avec des déchets flottants ou la prise de cordages et de plastiques dans les hélices coûtaient, certaines années, jusqu'aux deux tiers des dommages payés à la flotte par les assurances.

Il faut également prendre en compte le manque à gagner des pêcheurs qui capturent les macro-déchets dans leurs filets. Tous les pêcheurs signalent avoir des problèmes récurrents avec les déchets dans leurs filets. Certains ont restreint leurs aires de travail en raison de l'abondance de ces débris car les filets sont parfois très sérieusement endommagés, et ils doivent être réparés.

Par ailleurs, les opérations de tri des déchets remontés exigent du temps et représentent un coût de manutention non-négligeable, de l'ordre de plusieurs heures par semaine, notamment en Méditerranée. Ces dommages concernent également les problèmes posés par la présence de conteneurs d'huile, pots de peinture et autres produits chimiques pouvant entraîner des pertes ou coûts d'entretien.

D'une manière générale, le coût estimé par le spécialiste pour l'impact des déchets varie de quelques milliers d'euros à environ 40 000 euros par an et par bateau, selon la taille, soit des coûts chiffrés à plusieurs millions d'euros par an pour certaines régions européennes. Ces impacts touchent principalement les communautés côtières et les opérations de ramendage, de réparation et de nettoyage.

40 Les déchets font-ils fuir les touristes ?

Les macro-déchets dégradent la qualité apparente de lieux censés être idylliques et nuisent à l'image des communes.
Les motivations des touristes sont les facteurs essentiels dans l'élaboration des programmes de développement touristiques et dans l'élaboration des politiques économiques et sociales. Certains déchets ont plus d'impacts sur la perception de la qualité des plages que d'autres. La présence de déchets, liés à l'hygiène et la santé, peut notamment être très mal perçue par les familles.
Les enquêtes montrent aussi que les communes sont soucieuses de la dégradation de leur image (l'odeur qui peut se dégager des déchets échoués sur les plages par exemple).
En 1980, un classement a été effectué en partie par l'Organisation mondiale du tourisme lors de la déclaration de Manille sur le tourisme. Les facteurs

Plage de Normandie...

psychosociologiques sont analysés comme étant décisifs dans le choix d'un lieu de villégiature. Les motivations et besoins semblent se répartir des nécessités biologiques aux nécessités psychiques, selon l'environnement social et l'influence de situations spécifiques. Parmi les motivations du tourisme, certaines peuvent être influencées par l'état qualitatif (salubrité, sécurité et esthétique) des espaces littoraux.

Ainsi, outre l'envie de reprendre contact avec la nature qui touche toutes les catégories socioprofessionnelles, l'esthétique, le degré de sécurité ou de salubrité que présente une zone de vacances sont des facteurs primordiaux dans le choix d'une destination. Une enquête auprès des visiteurs des parcs marins des côtes de France a montré que l'une de leurs préoccupations majeures était la présence de macro-déchets. D'après une étude réalisée par le Comité régional du tourisme Provence-Alpes-Côte d'Azur, les principaux motifs de satisfaction évoqués par la clientèle extra-régionale sont la préservation des sites et le climat. « Les motivations résident dans l'attrait du paysage, la qualité du climat, le coût des vacances et la qualité intrinsèque de la région, y compris patrimoniale ». La qualité des plages en zone balnéaire est souvent le souci premier des vacanciers. Les ports et les plages entretenus des communes littorales deviennent des atouts économiques essentiels pour attirer et fidéliser les visiteurs.

Les macro-déchets enlaidissent les paysages marins. Ils portent atteinte aux agréments et loisirs ainsi qu'aux activités professionnelles, sur les plages, dans l'eau et sur les fonds. L'image des communes en est affectée. La présence des macro-déchets en milieu littoral peut entraîner une désaffection des touristes de plus en plus sensibles aux questions environnementales.

41 Y a-t-il un risque pour la santé quand des déchets flottent ?

Qu'ils soient échoués ou flottants, les déchets peuvent avoir des effets sur la santé humaine (aspects moléculaires ou métaboliques), ils peuvent affecter les individus, voire les communautés. Morceaux de verre, seringues et déchets médicaux peuvent occasionner blessures ou contamination. Dans certaines zones des côtes européennes, jusqu'à 4 % des blessures liées aux déchets le sont sur des plages. Il est malgré tout difficile d'évaluer ces impacts car il n'existe pas de recensement systématique des accidents. En conséquence, des mesures ont été prises à titre préventif, dès la deuxième moitié des années 1990, notamment pour les personnes confrontées au problème lors du nettoyage des plages (pinces, gants et boîtes spéciales pour le stockage). Depuis, les usagers des plages sont davantage sensibilisés, en raison des risques potentiels de piqûres et de contaminations virales (hépatites, sida), ce qui, à l'heure actuelle, n'a encore jamais été démontré.

Les médicaments et seringues se retrouvent parfois sur les plages où les risques sont encore mal évalués

L'étouffement de nageurs et plongeurs dans les filets, bien que rare, existe ; il a lieu, le plus souvent, dans les filets invisibles que sont les mono-filaments en nylon. En raison de leurs composants (plastifiants et additifs), et du possible relargage de contaminants adsorbés, les plastiques sont suspectés d'être la source de contamination. En réalité, les concentrations mesurées dans le milieu marin sont trop faibles pour une vraie toxicité sur l'homme. Le risque est cependant important lorsque l'on considère les apports accidentels et massifs. Les milliers de sacs plastiques contenant des pesticides, échoués en 1993 sur les plages de la Manche, et les échouages de milliers de bâtons de dynamite sur les plages du golfe de Gascogne, en 1993, sont significatifs des risques encourus.

Les risques d'effets des micro-plastiques sur la santé humaine font actuellement l'objet de spéculations. La transmission et l'accumulation des déchets ingérés le long de la chaîne alimentaire sont peu probables, d'une part compte

Fibres haute tension...

Certaines fibres sont si résistantes qu'elles sont utilisées dans les gilets pare-balles où elles remplacent le kevlar. Dix fois plus solides que l'acier, avec 10 tonnes par centimètre carré, elles sont trois fois plus résistantes que les mono-filaments utilisés traditionnellement pour la pêche. Avec une durée de vie plus longue, une moindre dégradabilité aux rayons UV, elles ne se voient pas dans l'eau. Elles peuvent cependant constituer un danger accru pour la faune et malheureusement,... les baigneurs.

Source: http://www.fishermansoutfitter.com/

tenu de l'excrétion de ces déchets par les individus (hors occlusion intestinale) et, d'autre part, vu les modes de consommation limitant les risques d'ingestion des contenus stomacaux aux seuls invertébrés et petits poissons. Malgré tout, les déchets ingérés, pour les invertébrés au moins, peuvent affecter les cellules intestinales.

À l'échelle océanographique, la question la plus sensible est celle concernant le transport d'espèces pathogènes, notamment les microorganismes. La multiplication des supports flottants, de toutes tailles, a augmenté récemment le risque de dispersion. Différents déchets, comme les lignes de pêche, les hameçons, les plastiques divers et les canettes de métal, peuvent fixer des pathogènes de la famille des *vibrios*. L'évaluation des risques sur la santé humaine est en cours.

42 Pourquoi les déchets sont-ils si peu ragoûtants ?

Pour comprendre comment sont perçus les macro-déchets par les usagers des plages et de la mer, il faut conjuguer les connaissances que nous avons de la perception qu'à l'homme occidental de la mer et du littoral et celle qu'il a des déchets.

Le ressenti face aux rivages évolue avec la société et les significations qu'elle donne aux lieux, aux choses, aux gens. Le littoral a connu ces deux derniers siècles une évolution extraordinaire parce que l'homme a modifié son regard sur lui. Avant 1750, la mer n'était considérée que par les peuples du rivage, les pêcheurs, les marins et les aventuriers. Et la pensée la plus répandue était plutôt la peur et le dégoût à l'égard du rivage. Entre 1750 et 1840, la science et la religion se séparant, des processus essentiels se développent, ils vont complètement transformer et inverser les ressentis. C'est au cours de cette période qu'un désir collectif apparaît, qui explique les ruées vers l 'Ouest, Biarritz ou Deauville pour les moins téméraires, au-delà des océans pour les capitaines courageux et les… bagnards.

Dans la Bible, Jésus parle souvent de la Géhenne et du feu qui ne s'éteint pas…

En 622 avant Jésus-Christ, la vallée de la Géhenne au sud de Jérusalem, devint un dépôt d'ordures que l'on brûlait périodiquement. Cette vision suggère aux auteurs de l'Évangile, la comparaison des tourments des impies à la « Géhenne du feu ». Ainsi, les ordures brûlant dans la décharge inspirent à l'homme, l'idée des enfers… Les immondices et leur putréfaction sont donc l'œuvre du diable…

Aujourd'hui, les mers et les océans sont devenus un des éléments essentiels dans l'histoire de l'homme occidental, lui apportant à la fois des satisfactions liées à l'esthétique des rivages, des bienfaits thérapeutiques avec la balnéothérapie, des facilités de transport pour la circulation des marchandises, des lieux d'implantation idéaux pour les industries et les villes, et une économie croissante avec le tourisme, les activités nautiques ou balnéaires.

Les déchets ont, à l'inverse, une connotation négative qui soulève des réactions « instinctives » de dégoût. Ils portent une charge affective complexe et ambiguë. Les relations entre les hommes et leurs déchets n'ont pas cessé d'évoluer depuis leur apparition sur Terre.

L'étymologie elle-même du mot déchet véhicule une idée négative. Il provient du mot déchoir, et vient rappeler celui de l'ange déchu. Choir veut dire tomber, déchoir signifie tomber bien bas.

Par nature, l'épuration s'effectue par l'eau et le feu. Dans nos sociétés multiculturelles, l'eau et le feu jouent aussi un rôle purificateur souvent ritualisé. L'eau se trouve par notre inconscient être la scène de la purification, à l'opposé du mauvais, du déchet, du sale.

S'ajoute à ces considérations, la découverte des microbes par Pasteur dans la seconde moitié du XIXe siècle. La théorie des hygiénistes révèle la corrélation entre la salubrité et la santé. Cette nouvelle connaissance sur le monde des micro-organismes alimente la volonté de rejeter les déchets loin de la vue et de l'odorat.

Enfin, ces cinquante dernières années, la découverte des conséquences dramatiques des activités humaines productrices de pollutions et déchets multiples et dont les effets se font sentir partout. L'air est pollué par les usines et les gaz d'échappement des moyens de transport. La terre, les eaux douces et marines et l'alimentation elle-même sont « empoisonnées » par les innombrables molécules chimiques synthétiques et toxiques utilisées dans l'agriculture intensive. Nos immenses besoins en énergie provoquent des accidents liés à l'exploitation des énergies fossiles à grande échelle, et à leur transport à travers les mers de la planète. Les côtes de nombreux pays, dont la France, ont déjà subi plusieurs marées noires. Et pour finir, le développement de l'énergie nucléaire a engendré une menace réelle et angoissante, d'autant plus angoissante, qu'elle touche à la structure même de l'atome et de notre code génétique. Les accidents montrent la difficulté technique à maîtriser entièrement cette énergie, la gestion des déchets solides et les risques toxicologiques associés.

Le secteur du traitement des déchets est aussi sujet à controverse. L'implantation d'un centre d'enfouissement de déchets ou les incinérateurs sont quasi systématiquement refusés par la population environnante. Le syndrome « NYMBY » (*Not In My Backyard*, pas dans mon jardin) traduit la psychose qui règne autour des déchets. Ils représentent un risque avec les nombreux cas d'empoisonnement des nappes phréatiques, sous des décharges mal ou pas du tout contrôlées, ou des dégagements de substances toxiques, en plus ou moins grande quantité, suivant l'âge des incinérateurs.

Il est alors facile de comprendre, qu'au moment des vacances d'été, c'est la qualité des eaux de baignade qui préoccupe les familles. Les déchets véhiculent l'idée de la pollution, ils se voient et constituent l'une des parties accessibles et directement ressenties par les individus. Les déchets, vus sur une plage au moment des vacances, représentent, à la fois, la prolifération incontrôlée de la jungle de nos objets intimes, et l'incapacité des pouvoirs publics à canaliser cette production. Ils renvoient aussi au sale et à la pollution, à un

Quand les déchets touchent le Sacré et reflètent la négligence des hommes… Sous les falaises du Havre

moment où justement, l'usager souhaiterait ne plus avoir à se soucier de rien. Il veut être sur « sa plage paradisiaque » et se retrouve, bien malgré lui, confronté à la manifestation « infernale » de notre société de consommation.
En plus de cela, les déchets dans l'eau de baignade véhiculent des angoisses inspirées par une multitude de facteurs, plus psychologiques que logiques. Les déchets flottants dans la mer ont un impact d'autant plus important sur l'homme que l'eau n'est pas son élément. Être dans l'eau peut soulever des angoisses et des peurs. Que se cache-t-il sous l'eau ? Quels monstres, requins ou autres animaux réels ou imaginaires menaçants rôdent dans les profondeurs ? Être frôlé par des déchets flottants, ou en apercevoir dans l'eau du bain, peut être perçu, non seulement comme une nuisance esthétique et sanitaire, mais aussi comme un facteur d'angoisse. Dans notre mémoire, l'ancienne conception de la mer et des océans, aux profondeurs infinies et mystérieuses, est le cadre idéal pour laisser libre cours à notre fertile imagination.

43 Garder une plage propre coûte-t-il cher ?

Les études relatives aux impacts économiques des macro-déchets sont assez rares. Les quelques travaux d'investigation réalisés en France montrent les lacunes de l'organisation actuelle des collectivités qui n'effectuent pas de suivi systématique des quantités et typologies des déchets ramassés sur les littoraux, ainsi que dans les cours d'eau. Ce manque d'information s'explique par une préoccupation très récente de cette question en tant que dégradation environnementale. Jusqu'aux années 2000, les macro-déchets étaient considérés comme une nuisance au tourisme et les quantités ramassées allaient rejoindre les ordures ménagères, sans distinction. Depuis les années 2000, le Secrétariat général à la Mer, le *Cedre* puis l'Adème ont commencé à poser les jalons d'une politique publique émergente face à ce nouvel enjeu environnemental d'envergure très complexe.
Des études internationales ont été menées afin de connaître l'impact économique des macro-déchets sur les activités humaines. Toutefois, peu d'études ont été conduites pour comprendre les coûts économiques de la dégradation des écosystèmes et des services qu'ils rendent. Les impacts sur les activités humaines sont mesurés à partir de l'augmentation

Petit matin breton... Nettoyage mécanique de plage

des coûts et des pertes qu'ils peuvent entraîner dans différents secteurs industriels-clés, comme l'aquaculture, la pêche, les ports, les usages industriels ou les services de sauvetage.
Concernant les municipalités, les coûts sont évalués à partir des dépenses liées à l'entretien des plages et des plans d'eau (collecte, transport, traitement, contrat de gestion, administration, temps des volontaires). Les municipalités n'entretiennent cependant que certaines plages, uniquement en période estivale, l'ensemble des déchets échoués n'est donc pas traité. De ce fait, les coûts du traitement de la pollution réellement générée par les macro-déchets pourraient être beaucoup plus élevés si le littoral était entretenu sur toute sa longueur et toute l'année.
Les efforts pour l'entretien des plages varient d'une commune à l'autre. Les moyens nécessaires dépendent du type de côte, du linéaire à nettoyer et de son accessibilité. Les zones côtières les plus entretenues sont les plages de sable faciles d'accès, viennent ensuite les plages de galets, puis les digues et les rochers. Ces efforts sont concentrés à la belle saison. Les nettoyages sont réalisés de façon manuelle ou avec des engins types tractopelles, tamiseuses, cribleuses. Le nettoyage des plans d'eau est réalisé avec des bateaux ou des scooters des mers, spécialement équipés de filets, pour récupérer les déchets flottants. Des interventions sous-marines sont ponctuellement effectuées sur le fond des ports. Les interventions manuelles occasionnent un coût élevé de la main-d'œuvre, les engins ont, eux aussi, besoin d'un entretien très régulier car ils sont facilement endommagés par le sable et le sel.

Si les nettoyages sont moins réguliers l'hiver, la plupart des communes surveillent leur littoral toute l'année pour répondre au besoin de nettoyage ponctuel qui se s'effectue en fonction des caprices de la météo. À la fin du printemps, les plages sont préparées pour la saison, le plus souvent avec des tractopelles, pour étaler et répartir le sable de façon homogène, et assurer la sécurité des usagers. Certaines plages montrant un déficit de sable ont besoin d'être réapprovisionnées, des équipements, comme les corbeilles, doivent être installés et gérés. Parfois, des communes mettent en place des programmes de sensibilisation à la propreté auprès des usagers des plages et des plaisanciers.

Les évaluations des coûts prennent également en compte la périodicité du ramassage et le traitement des déchets. Les macro-déchets rejoignent les ordures ménagères dans la plupart des cas. En l'absence de sel, certains vont suivre la voie du recyclage, si celui-ci est mis en place dans la commune, les autres seront mis en centre d'enfouissement technique ou brûlés dans un incinérateur. La commune doit payer le traitement quelle que soit sa nature.

De nombreuses associations effectuent des nettoyages du littoral. Certaines d'entre elles sont des associations d'insertion qui contractent avec la municipalité, d'autres sont des associations de protection de l'environnement, elles interviennent plus ou moins régulièrement. Un grand nombre d'autres types de structures agissent sur le littoral comme les scolaires, les clubs de sports, les comités d'intérêt de quartiers (CIQ), les scouts et les universitaires. Les études d'évaluation des coûts tendent à prendre en

Mesures des coûts liés aux macro-déchets dans les activités de pêche

Elles sont élaborées à partir de quatre types d'impacts :

- la réparation des filets et des dommages causés aux navires (problèmes mécaniques sur les moteurs, collision). La plus fréquente est la prise des hélices dans les filets ;
- le remplacement des filets perdus ou abîmés. Les pêcheurs relatent le ramassage très fréquent de pneus, de déchets liés aux exploitations de pétrole, parfois même, de machines à laver ;
- la réduction ou contamination des prises. Les déchets prennent de la place et déséquilibre les filets. Certains peuvent causer la perte du stock de poissons, s'il s'agit de pots de peinture, de bidons, de produits dangereux comme les détergents et les graisses, ou de filtres à huile de moteurs ;
- le manque à gagner lié au temps perdu à réparer au lieu de pêcher.

compte celui du bénévolat ainsi que les dépenses nécessaires de matériels (gants, sacs poubelles, pinces, bennes, transport et traitements des déchets). Cependant, peu d'études de ce type ont été réalisées en France.

Les dépenses relatives aux macro-déchets évoluent depuis des dizaines d'années avec l'évolution des quantités de déchets qui aboutissent en mer, celle des préoccupations environnementales, l'augmentation des coûts en général (essence, maintenance des véhicules, coût du travail, inflation, durcissement de la réglementation, évolution des prix relatifs au traitement des déchets mais aussi augmentation du nombre d'associations qui s'investit dans des actions de nettoyage et demande d'aides). D'autres communes limitent leurs actions de nettoyage pour cause de réductions budgétaires ou réévaluent les types d'actions qu'ils choisissent de mener. L'objectif principal des communes étant d'apporter le maximum de garantie de propreté et de qualité d'accueil aux touristes.

Les macro-déchets affectent les activités de pêche de plusieurs façons. Les pertes peuvent être dues à la perturbation des activités de pêche par la présence des déchets et à une diminution de la ressource résultant de la pollution des eaux marines par les déchets.

L'évaluation du problème

44 Surveiller les déchets, pourquoi ?

Peut-on se contenter d'un bilan des déchets, d'une cartographie, d'une étude sur la typologie ou doit-on essayer de comprendre comment évoluent ces quantités, leurs origines, la répartition et la diversité de ces déchets ? Les éléments extérieurs affectant les paramètres relatifs aux déchets en mer sont nombreux. Les sources sont variables et les activités comme la pêche ou la fréquentation touristique dépendent des saisons comme le débit des fleuves et l'intensité des courants locaux ou les apports. Comment évaluer l'impact des changements de comportements sociaux, la disparition de certains matériaux ou objets ou encore délimiter l'évolution des zones atteintes ? Comment suivre l'état de l'environnement quand un État s'est fixé des objectifs à long terme pour son amélioration ? Comment mesurer l'évolution de l'impact d'une activité sur l'environnement et comment mesurer l'impact de mesures de prévention ou de limitation des apports ? La seule approche possible pour répondre à ces questions est la surveillance de l'état de l'environnement. Il s'agit d'un dispositif lourd mais

utile. Les modalités peuvent être très variables en termes d'échelles spatiales ou temporelles, et selon le type de déchet considéré. De même, l'intérêt peut concerner une collectivité ou une association travaillant à l'échelle locale, une région, un pays ou un bassin, voire un continent.
Les programmes de surveillance, à l'échelle locale, existent dans tous les pays du monde, ils sont mis en œuvre, le plus souvent, par des associations et parfois en partenariat avec des collectivités locales. Ils concernent principalement les déchets sur les plages, pour des raisons de coûts, et apportent des informations de première importance. Ils permettent, en

Plage normande. En Atlantique Nord-Est, les protocoles de surveillance des plages les plus sophistiqués (Commission OSPAR) classent les déchets en plus de 120 catégories. Cette surveillance détaillée permet d'identifier les sources des déchets et de favoriser les actions de prévention

particulier, d'identifier les sources comme la pêche, le lessivage des rues ou le tourisme, aident à évaluer les conséquences sociales, en termes de fréquentation du littoral. L'étude des caractéristiques des déchets échoués permet aussi de connaître les secteurs d'activités économiques impliqués et d'envisager d'appliquer le principe de responsabilité élargie du producteur selon le concept du pollueur/payeur. Ils permettent enfin de préciser les risques pour la santé humaine, les plages étant le milieu le plus fréquenté. Ces opérations peuvent être menées par des associations et inclure la collecte des déchets. Des réseaux mondiaux, fédérant ces associations, existent. Ces initiatives ne constituent pas pour autant une réelle politique de traitement du problème à grande échelle. Elles restent ponctuelles, et il n'existe pas encore de méthode d'évaluation commune à tous.

Surveiller l'océan est encore plus complexe. L'accessibilité, les moyens nécessaires, la variabilité de la répartition due aux courants obligent à une stratégie adaptée. Pourquoi surveiller une zone si les déchets viennent de plusieurs milliers de kilomètres ou partent pour des zones lointaines ? Dans les grands fonds, la tâche est plus complexe encore. Identifier des zones d'accumulation et les quantités présentes à plusieurs milliers de mètres de fond, dans des zones très éloignées comme l'Arctique ou l'Antarctique, a-t-il un sens? Les outils nécessaires sont sophistiqués et coûteux, utilisation obligatoire de submersibles ou ROV (*Remote operated vehicles*, véhicules pilotés à distance). Comment organiser cette surveillance ? Elle doit être représentative de la situation et doit permettre de suivre l'évolution. À titre d'exemple, selon les déchets considérés, les quantités ont augmenté ces dernières années comme les déchets sur les fonds de certaines marges continentales, sont restés stables comme les micro-plastiques dans les zones océaniques de convergence ou ont diminué comme sur les fonds du golfe du Lion. Une surveillance doit par ailleurs considérer un échantillonnage rigoureux et identique pendant des périodes très longues, de l'ordre de plusieurs dizaines d'années. De même, les données doivent faire l'objet d'un stockage (bancarisation) structuré et harmonisé au niveau des différents programmes de surveillance. Classique dans les cas de la contamination chimique, le suivi des déchets en mer et sur les plages est une préoccupation d'actualité. Sa mise en place, considérée actuellement dans le cadre de programmes interrégionaux à l'échelle de l'Atlantique Nord-Est ou de la

Méditerranée, permettra de maintenir un « tableau de bord » de l'état de l'environnement. Le but ultime de cette surveillance sera de suivre également l'impact des mesures et solutions prises par les gestionnaires et gouvernements en vue de réduire les apports et les effets. Elles nécessitent de mieux comprendre les origines géographiques et les secteurs d'activités économiques en jeu afin de fournir des éléments décisifs et indispensables à la construction des politiques et des mesures de réduction des apports.

45 Comment savoir quelle plage est la plus propre ?

Observation, chalutage, comptage, filtration, survol aérien, caméras automatiques, collecte continue de plancton, photo aérienne parfois en ballons, sous-marins ou submersibles, plongée sous-marine, les approches possibles sont variées et diverses, chacune correspondant à un site, une région, un biotope particuliers. Les plus classiques et les plus simples comme le comptage direct sont probablement les plus précises mais limitées à des sites accessibles. Le problème de l'approche méthodologique est la contrainte d'une évaluation à l'échelle des océans, de grandes surfaces, parfois des régions entières et l'impossibilité matérielle de couvrir l'ensemble de ces zones. De plus, la nécessité d'un suivi et d'une surveillance amplifie les besoins de méthodes simples, voire automatiques.

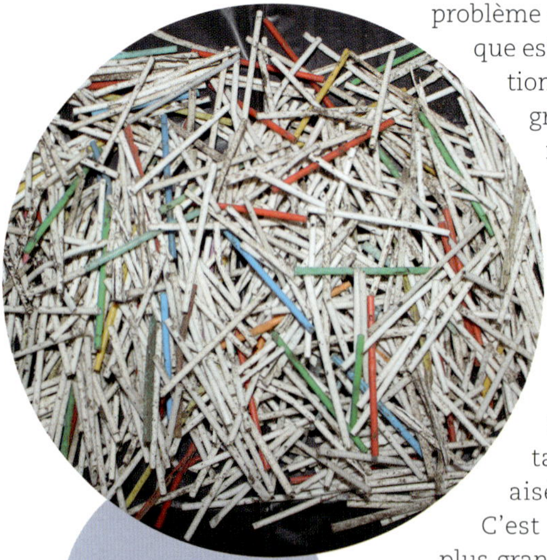

Tri et comptage. 900 bâtons de sucettes sur 100 mètres de rivage « naturel » de la Seine

Sur les plages, le gros avantage est l'accès en général aisé pour l'échantillonnage. C'est la raison pour laquelle le plus grand nombre de travaux scientifiques concerne ce compartiment du milieu marin. Essayez cependant d'échantillonner 100 mètres carrés de plage l'été sur la Côte d'Azur ou cinq kilomètres l'hiver pendant les tempêtes. Plusieurs stratégies sont

Filet de type Manta pour la collecte de micro-plastiques en mer

possibles, basées sur la taille des surfaces — de quelques dizaines de mètres carrés ou quelques kilomètres de linéaire côtier — et sur les outils : comptage, pesage, utilisation de survols aériens, parfois de ballons télé-opérés. Reste le problème du nombre de catégories de déchets à prendre en compte pour identifier les sources et les problèmes majeurs. Quelques institutions internationales recommandent jusqu'à 160 catégories, certaines étant même anecdotiques. Cette approche exhaustive limite cependant le travail des bénévoles et associations, très fortement impliqués dans ce type de travaux (accès aux plages et moyens à mettre en œuvre).

En mer, le comptage est lié à des facteurs météorologiques et à la nécessité de moyens conséquents. Le comptage direct en surface est adapté à des zones réduites et à certains travaux de dénombrements individuels des déchets — à l'échelle d'une baie par exemple — aidant à mieux comprendre leur transport. L'utilisation de la vidéo est d'actualité avec des systèmes embarqués permettant la saisie de millions d'images, mais nécessitant un tri avant analyse. Les moyens informatiques actuels ont ainsi permis la mise au point de *ferry box* pour la collecte de données à partir de grand navire sur des routes régulières ou croisières. L'histoire retiendra peut-être que le premier *ferry box* a été testé sur le plus grand déchet du monde... le *Concordia*, coulé sur l'île de Giglio en 2010. Le développement récent d'engins autonomes — de vrais drones sous-marins — devrait, d'ici peu, permettre de disposer d'outils répondant aux besoins d'automatisation.

Sur les fonds, les moyens à mettre en œuvre sont plus conséquents. Chalutage, vidéo télé-opérée, submersibles pour les profondeurs les plus importantes, complètent en profondeur la plongée autonome pour les plus petits fonds. Les protocoles sont calqués sur l'évaluation du benthos (faune fixée), les scientifiques comptant les plastiques comme on compte des gastéropodes ou des méduses. Ces protocoles sont parfois très sophistiqués, reconnaissance d'images ou mesures laser *in situ*, afin de quantifier les déchets posés sur le fond, mais également ceux enfouis ou masqués par la flore. Le développement de sondeurs, sonars et autres systèmes acoustiques, de même que la mise en œuvre de satellites pour la détection de très gros objets, restent cependant d'applications expérimentales, le plus souvent, militaires. La modélisation numérique complète les approches méthodologiques, localisant les zones probables d'accumulation et le devenir en mer, notamment des éléments sur le transport transfrontalier ou la dispersion des micro-plastiques. À terme, l'ensemble des circuits de déplacement des débris et les flux quantitatifs seront connus.

Et les micro-plastiques ? 500 micromètres de diamètre pour des particules et des océans à analyser, l'enjeu est de taille !

Si le filet à plancton de surface pour la collecte et la visualisation au microscope sont les méthodes de référence, l'analyse d'image permet de simplifier les procédures. La preuve formelle de la nature des micro-plastiques vient d'analyses plus fines, basées sur la spectroscopie infrarouge qui détecte les différents polymères. On n'est pas au bout de nos peines !

46 Peut-on suivre les déchets par satellite ?

Trois techniques satellitaires sont actuellement à l'étude en vue de contribuer à la compréhension des mécanismes régissant le devenir des déchets en mer : la localisation par satellite, l'imagerie satellitaire et l'altimétrie. Seuls les gros déchets sont concernés, les micro-plastiques n'étant pas détectables par ces méthodes. L'utilisation de bouées dérivantes, équipées de grandes ancres flottantes pour suivre la circulation des masses d'eau et balisées à l'aide de dispositifs de détection par satellite *Argos*, existe depuis de nombreuses années. Complétée par l'altimétrie, cette approche a permis, par exemple, de disposer de plus de 10 000 trajectoires sur une période de vingt-deux ans dans l'océan Pacifique, d'affiner les modèles de circulation et donc les prévisions de transport en surface. Ce type d'approche est actuellement généralisé à l'ensemble des bassins océaniques, avec un suivi en temps quasi réel des bouées. Ces modèles prennent en compte la circulation profonde et permettent des simulations sur le devenir probable des déchets en mer. Les travaux les plus récents montrent, qu'après trente ans de séjour en mer et l'impact de facteurs géomorphologiques, humains, ou hydrodynamiques, les déchets vont s'accumuler de manière préférentielle dans certaines zones comme le golfe du Bengale, la Méditerranée ou les zones de convergence océanique. Ainsi, la Méditerranée devrait recevoir ou stocker environ 7 à 8 % de l'ensemble des déchets marins. Suite au tsunami de 2011, la société CLS a développé avec l'université de Tottori au Japon, des bouteilles plastiques flottantes équipées de balises *Argos*. Les premières trajectoires, identiques à celles de vrais déchets flottants, ont été suivies sur des distances de plus de 1 000 kilomètres,

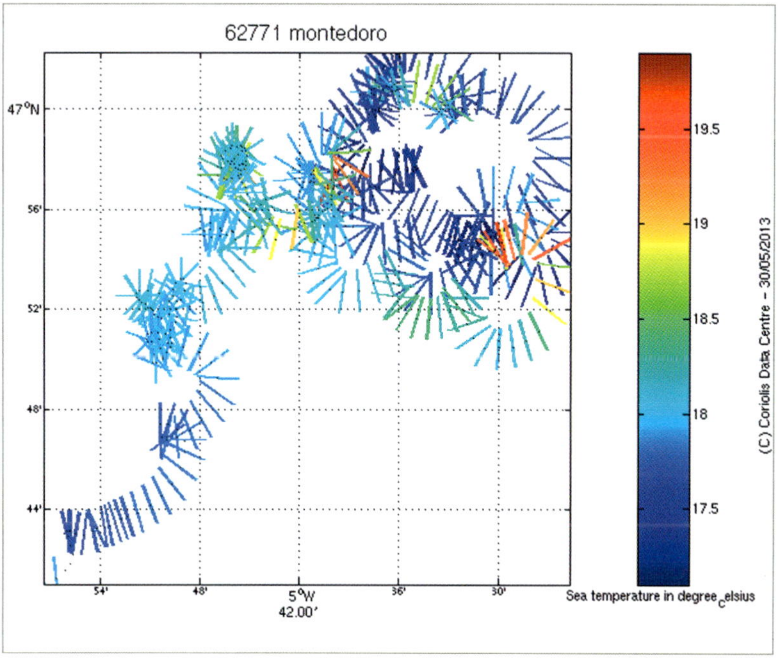

Trajectoire en mer de déchets flottants, suivis à l'aide de bouées dérivantes *(drifters)* positionnées en temps réel par satellite (canal de Corse). Les bouées donnent des valeurs de température et permettent d'étudier les courants

montrant des comportements chaotiques à l'échelle locale, mais dans le sens général de la circulation. L'interprétation des trajectoires ne pourra se faire qu'à partir de 2014, date d'arrivée des traceurs sur les côtes nord-ouest américaines. Les premiers résultats démontrent que les courants ne sont pas les seuls facteurs intervenant dans la dérive des déchets. La zone d'origine des déchets est l'un des facteurs les plus importants, et par voie de conséquence, l'hémisphère Nord est le plus affecté.

La visualisation en trois dimensions des zones littorales permet également de repérer des zones affectées par les déchets. Dans le cas d'apports accidentels comme les raz-de-marée ou la rupture de digues de la Tranche-sur-Mer (France), ces approches, notamment les images Spot5, se sont révélées appropriées, pour l'organisation des secours. Les résolutions de 2,5 mètres en couleur naturelle sont suffisantes pour identifier l'étendue des dégâts.

À titre expérimental, le développement de capteurs dérivants, permettant de différencier le plancton des micro-plastiques et de transmettre par satellite les informations, pourrait, dans un avenir proche, étendre l'application des satellites au suivi des micro-plastiques et de couvrir l'essentiel du problème des déchets marins flottants à la surface des océans.

47 Peut-on surveiller les déchets avec un *Smartphone* ?

Les nouvelles technologies de l'information peuvent-elles présenter un intérêt technique, scientifique ou sociétal quand il s'agit des déchets marins ? Les millions de *Smartphones* utilisés en France et en Europe pourraient servir de moyen technique pour une approche citoyenne. Chacun pourrait localiser des zones d'amas sur le littoral, les signaler ; les données seraient gérées par une structure appropriée, un laboratoire ou une association. L'idée n'est pas nouvelle puisqu'une application a été développée dans ce sens par une université américaine. Cette application est calquée sur celles développées pour les observations en milieu marin relatives aux méduses, aux dauphins ou aux tortues. Le principe est de demander à chaque détenteur de *Smartphone* d'informer sur la présence de déchets. Il est possible de prendre une photo qui sera envoyée, une base de données sera constituée à partir de l'ensemble des observations. Les premières analyses montrent les limites de

En 2020, le trésor de *Rackam le Rouge* est de plastique et le professeur *Tournesol* n'est plus dans le sous marin... Véhicule sous-marin télé-opéré. Un développement en cours pour l'évaluation quantitative des déchets en mer

ce genre de développement technique. Elles sont principalement liées aux fausses informations. Cependant, le maintien d'une base de données permet de mesurer l'évolution des quantités dans les lieux les plus fréquentés et de préciser la nature des déchets. L'extension possible de ces approches à l'ensemble des régions ou pays laisse entrevoir un dispositif original de collecte d'informations à l'échelle mondiale.
Une autre approche en cours de développement et d'essais concerne la mise en œuvre de Webcam pour une surveillance continue de certains sites. Actuellement testée sur des plates-formes pétrolières pour le suivi de rejets d'hydrocarbures, cette approche pourrait tout à fait convenir au suivi des déchets sur des sites particuliers tels qu'embouchures de rivières ou de fleuves, zones littorales sensibles aux apports massifs, voire accidentels. La gestion des données ne pose aucun problème pour de telles applications. Le suivi dans le temps de ce type de pollution permettra de disposer de séries chronologiques faisant cruellement défaut actuellement. À terme, ce type de mesure devrait pouvoir être mis en œuvre à l'aide de micro-caméras, véhiculées par des engins autonomes comme les AUV (*Autonomous underwater vehicles*, véhicules sous-marins autonomes) ou *gliders* (planeurs) autonomes, de surface ou sous-marins. Les premiers essais de caméra

montrent un vrai potentiel. Les problèmes restent ceux de la transmission et du stockage des images. La traversée récente de l'océan Pacifique par un de ces engins autonomes montre qu'il est temps d'envisager des études jusque dans les régions les plus reculées.

48 La loi est-elle sévère avec les pollueurs ?

Le flux de déchets qui atteint le milieu marin ne représente qu'un faible pourcentage des quantités produites annuellement. C'est bien l'augmentation continue de la production de déchets et leur persistance liée à leur dégradation, très lente, qui entraîne une accumulation grandissante dans le milieu marin, au point de constituer une réelle préoccupation au niveau mondial. La responsabilité de cette nuisance est à la fois individuelle et collective. La réglementation française afférente fait partie de la politique sectorielle des déchets, étroitement liée aux politiques de l'eau et de préservation de la nature.

En France, la loi du 15 juillet 1975, complétée en 1992, est intégrée au Code de l'environnement. Elle concerne essentiellement les déchets provenant d'activités menées à terre. Dans le Code des ports maritimes, le non-respect des emplacements prévus pour l'évacuation des déchets est également puni d'une amende. Les communes ont, par ailleurs, l'obligation d'organiser et de mettre en œuvre la collecte et le traitement des déchets, et l'obligation de nettoyer les plages et les zones littorales fréquentées par le public. Les maires disposent d'un pouvoir de police spécial sur la bande des 300 mètres à partir du rivage.

L'un des articles de la loi sur l'eau du 3 janvier 1992 réprime le fait : « de jeter ou d'abandonner des déchets en quantité importante, entre autres, dans les cours d'eau, les eaux marines territoriales, sur les plages ou sur les rivages de la mer ». Ces dispositions ne s'appliquent pas aux rejets en mer effectués à partir des navires, et les peines encourues sont de deux ans d'emprisonnement et 75 000 euros d'amende. L'application de cette disposition reste toutefois difficile en raison des difficultés d'appréciation de la notion, trop vague, de « quantité importante ».

Toute atteinte délibérée ou accidentelle à ces espaces, ou à ces espèces protégées, peut faire l'objet de sanctions. Cette

réglementation concerne les conséquences éventuelles sur les écosystèmes marins de l'accumulation des déchets en mer. Ces dispositions restent générales à toute forme de pollution et ne s'appliquent pas spécifiquement aux déchets solides.
Les conventions internationales dans les eaux territoriales, et au-delà, concernent essentiellement les rejets issus des navires (plaisance, pêche, commerce). La France a ratifié la convention MARPOL et son annexe V, qui interdit, pour les navires de plus de 200 tonneaux ou transportant plus de 10 passagers, le rejet en mer des plastiques et limite le rejet des autres types de déchets à partir des navires. Les diverses conventions internationales complètent ces dispositions juridiques et publient des lignes directrices en matière de gestion des déchets en mer ainsi que des états des lieux.

Pont de Brotonne, Seine-Maritime (France). Ne jetez pas les déchets par-dessus bord ! De simples mesures de prévention permettent-elles de limiter une partie du problème ?

Dans le Grenelle de l'environnement, le nouveau contexte social et législatif place les macro-déchets en thématique émergente. Il renforce certaines dispositions de la Directive cadre sur l'eau et appuie la stratégie marine. Il fixe comme objectif la mise en place d'un programme de mesures pour atteindre le bon état écologique pour les deux tiers des masses d'eau de surface. Un projet de loi stipule que toutes les mesures seront mises en œuvre pour renforcer la lutte contre les pratiques illégales, réduire à la source et prévenir les pollutions maritimes, y compris les macro-déchets et déchets flottants. Soixante-cinq recommandations élaborées par le comité opérationnel « Déchets » concernent les macro-déchets. Le Grenelle de la mer complète les engagements du Grenelle de l'environnement et couvre un champ plus large sur la thématique de la mer et sur la contribution au développement d'activités durables en mer. Le Grenelle de la mer devrait aboutir à terme à une loi d'orientation sur la mer et à une organisation cohérente et coordonnée par façade maritime.
La Directive cadre Stratégie pour le milieu marin, mise en place en juin 2008, définit, pour la première fois, une politique

globale de protection de l'environnement marin, axée sur les écosystèmes et les habitats. Elle introduit également la notion fondamentale de bon état écologique pour le milieu marin (BBE).

49 Chacun peut-il agir pour avoir un littoral plus propre ?

Les comportements négligents restent la principale cause d'apports de déchets dans le milieu naturel. En conséquence, chacun, à son niveau, peut avoir un impact sur la gestion globale du problème lorsqu'il prend conscience de l'existence de ce problème. Vis-à-vis des emballages, la perception du public est variable. Les enquêtes sociologiques réalisées par les grandes chaînes de distribution ont pu montrer des différences de comportement selon l'âge ou la région de résidence. Les personnes âgées en milieu urbain thésaurisent les sacs pour une réutilisation alors que, dans les communes littorales, la réutilisation est plus limitée, et les systèmes de consignes des sacs/cabas, sont plus suivis.
Le public, qui fréquente le milieu littoral marin et les cours d'eau, est confronté à la présence visible de cette pollution. Certaines personnes seront sensibles et motivées pour ramasser ces déchets afin de rendre l'espace propre pour les accueillir dans de meilleures conditions. Ces nettoyages ponctuels sont souvent motivés par des émotions mêlées de colère et de tristesse. Elles sont aussi une façon de revendiquer un droit à des plages propres, en montrant le bon exemple aux éventuels spectateurs. Dans certains cas, les usagers amènent eux-même un sac destiné au ramassage. Cette démarche prend une valeur éducative lorsqu'elle est réalisée en famille. Ces interventions peuvent devenir fréquentes. Mesurer la portée de ces actions reste difficile en raison de la spontanéité des gestes associés. Très motivés, les acteurs vont jusqu'à créer une association, inciter des proches ou s'associer à d'autres structures actives dans ce domaine. Le problème reste que la demande est sociale, pour un avenir durable, mais c'est aux consommateurs qu'il est demandé individuellement de réduire la quantité générée ou de trier les déchets. Cela demande un investissement personnel pour des bénéfices destinés à la société dans son ensemble, et il n'est pas facile de suivre ces recommandations « écologiques » lorsque l'on est face aux rayons attrayants des supermarchés.

À titre préventif, la sensibilisation du public est primordiale pour limiter les apports directs. Nombreux sont ceux qui jettent leurs déchets dans les caniveaux, croyant qu'ils seront ramassés. Ces déchets aboutissent, le plus souvent, dans le réseau d'eaux pluviales. Ces eaux pluviales, ou de nettoyage des rues, ne sont pas systématiquement raccordées à une station de traitement des eaux usées. Lorsqu'elles sont traitées, certaines molécules chimiques diffusées dans l'eau par les déchets aboutissent dans le milieu naturel, parfois jusqu'à la mer. Peu de bouches d'égout sont équipées de dégrilleurs pour éviter les colmatages et les obstructions qui provoquent des « surverses ». Les déchets aboutissent directement dans les cours d'eau et en mer, lors d'inondations ou de fortes pluies.
Si le « dégrillage » sur certaines entrées d'égouts empêche la pénétration des déchets les plus gros dans le réseau, les plus petits déchets comme les mégots, les briquets ou les bouchons de bouteille ne sont pas retenus. Avec environ 4 500 milliards de mégots jetés chaque année dans le monde, les fumeurs, contribuent grandement à la pollution des milieux aquatiques. Les mégots, qui peuvent persister pendant plusieurs années, sont transportés par les eaux de pluies et de lessivages pour y déverser leurs milliers de substances chimiques nocives. L'éventuelle collecte et le traitement ne peuvent limiter ces apports de molécules toxiques.

Plusieurs milliards de milliards de filtres de cigarettes sont déversés dans l'environnement chaque année. Selon l'association MCS, les quantités ont doublé sur les plages anglaises entre 2011 et 2012 suite à l'interdiction de fumer dans les lieux publics

Dans tous les cas, l'attitude la plus pertinente est celle qui favorise la collecte et le traitement. Ainsi, la personne qui jette ses déchets dans une poubelle, même son mégot, participe ainsi à la gestion des macro-déchets. Chacun détient une partie de la solution d'un problème lié à l'importance de ce geste anodin de jeter ses déchets dans une poubelle... sans la faire déborder ! L'Office national des forêts a volontairement limité les poubelles pour inciter les visiteurs à revenir avec leurs déchets et ainsi conserver l'aspect naturel des lieux. Les plages sont comme les forêts, souvent peuplées d'animaux opportunistes qui n'hésiteront pas à attaquer une poubelle qui, si elle n'est pas protégée d'une armure et d'un couvercle, sera pillée, crevée ou déchiquetée. Sommes-nous prêts à faire un petit effort pour notre mer ?

50 Une mer sans déchets, est-ce encore possible ?

Les solutions pour limiter la pollution par les déchets marins ont été analysées par 200 spécialistes réunis en 2013 pour élaborer une politique organisée de lutte. L'amélioration de la gestion des déchets à terre est la mesure la plus importante. Cela concerne la rationalisation des procédures de fabrication par les industriels, de distribution et d'élimination, la réutilisation, le recyclage, la récupération d'énergie et les mises en décharges. Il est clair que le traitement est insuffisant, parfois mal géré, voire inexistant, notamment dans certaines régions de la rive sud de la Méditerranée, source de déchets pour l'ensemble du bassin. Le dysfonctionnement des stations d'épuration, leur capacité limitée obligeant à des « surverses » de l'ensemble des eaux résiduaires, l'absence de tri et de traitement sélectif, la présence de décharges sauvages, sont autant de facteurs favorisant les apports à la mer. La création de bassin de rétention afin de gérer les apports massifs de déchets lors des crues, le dégrillage systématique des eaux résiduaires, la limitation des médias filtrants de plastique, la fermeture de certaines décharges obsolètes et le développement des filières de recyclage sont autant d'actions possibles. Quatre-vingts pour cent des apports à la mer étant d'origine terrestre, la directive sur les déchets est au cœur de la lutte. Elle prévoit la récupération et l'incinération de plus de 60 % des déchets (80 % pour les emballages). Les emballages plastiques sont considérés de manière particulière. Leur impact sur l'environnement

Barrage permanent de rétention des déchets sur l'Adour, Bassin aquitain

est conséquent et bon nombre de mesures les concernent. L'interdiction des plastiques fins, la fiscalisation de leur usage, voire l'interdiction dans certains pays, sont autant de mesures possibles. En France, une baisse de 90 % du nombre de sacs distribués en supermarchés a été mesurée entre 2000 et 2012 pour une quantité d'environ un milliard par an actuellement.
La limitation des apports à la source est un aspect important de la lutte contre les déchets en mer. Pour les plus récalcitrants, une solution à court terme comme l'exemple positif du Canada où le rejet d'ordures par la fenêtre d'un véhicule est puni d'une amende de 100 dollars, permettrait de réduire la collecte de 500 kilogrammes de déchets au kilomètre de route. Pour les apports à la mer, les eaux pluviales et les fleuves jouent un rôle important. La rétention des déchets arrivant à la mer par ces voies est l'une des possibilités techniques de limitation. Il ne s'agit pas d'instituer des barrages dédiés exclusivement aux déchets sur les grands fleuves, cela serait impossible. Il s'agit de mettre en place une collecte des « embâcles » ou déchets sur des infrastructures existantes telles que des centrales, des écluses ou des ponts et d'organiser la filière de traitement. Cela a été réalisé avec succès dans de nombreux sites comme l'Adour, la Meuse, et mérite d'être étendu en raison de l'efficacité des dispositifs et d'une valorisation possible. Concernant les eaux pluviales, au-delà des rares dégrilleurs sur les réseaux, des solutions techniques de

récupération des déchets solides existent, mais elles nécessitent une volonté politique avec des moyens financiers. Moins coûteuse, une formation spécifique destinée aux gestionnaires de la propreté urbaine ainsi qu'une sensibilisation auprès des habitants permettraient de limiter les apports par cette voie.
La limitation des sources au niveau des ports et des cours d'eaux est l'une des actions de lutte efficace. Au travers des réglementations, les dispositifs mis en place permettent de lutter de manière de plus en plus efficace contre l'une des sources principales des déchets.
De même, le changement des pratiques sur les plages, soutenu par l'information des touristes, la prévention des rejets directs et la conception d'emballages et de circuits de collecte appropriés aux zones touristiques, faciliteront localement la prévention des apports.
La collecte sur les plages ou en mer est l'une des solutions adoptées dans de nombreux pays. Elle reste une solution curative et ne limitera pas les apports. Dans les zones de pêche, la collecte contribue largement à limiter l'impact des déchets, notamment l'étranglement des grands organismes dans les filets perdus ou autres lignes abandonnées.
Il reste l'éducation et des pratiques raisonnables. Le problème des déchets en général, et celui de déchets en mer en particulier, est l'affaire de tous et l'affaire de personne. Il semble qu'une prise de conscience collective soit en cours, mais de nombreuses personnes ignorent encore l'origine du problème et son ampleur sur les plans esthétique, environnemental, économique et sanitaire. Les déchets marins sont pour la plupart des objets de grande consommation — emballages et bouteilles — leur présence souvent liée à des comportements individuels et une gestion collective inappropriée. Il s'agit de mieux informer le public et les pouvoirs publics, en partie responsables du problème. Modifier la perception des déchets marins, sensibiliser, éduquer et former, restent les voies principales du changement de comportement sur le long terme.

51 Qui sont les éboueurs de la mer ?

Il n'existe pas d'organisme désigné comme acteur de référence au sujet des macro-déchets en France et dans le monde. À toutes les échelles, internationale, européenne et nationale, plusieurs structures publiques, privées et associatives se partagent des missions et activités consacrées aux macro-déchets.

Les professionnels de la pêche et des élevages marins sont probablement les plus concernés par les déchets marins. Ils subissent directement les impacts d'ordre économique, et sur la navigation. Les pêcheurs professionnels français ont l'obligation de ramener au port l'ensemble des déchets qu'ils produisent. Ils y sont encouragés par des contrats rémunérés qui les engagent au ramassage. Les industriels de la filière plastique en Europe, avec le soutien du Commissariat européen aux Affaires maritimes et à la Pêche, s'engagent, avec l'aide de la communauté des pêcheurs, à récupérer les débris flottants pour les ramener à terre. Ils y seront triés et valorisés pour réduire, d'ici à 2020, la présence des déchets marins le long des côtes européennes. Le rôle des organisations internationales est de sensibiliser sur la protection des milieux aquatiques et d'organiser des coopérations par le biais d'accords ou de conventions entre différents pays. Le programme des Nations unies pour l'Environnement a initié plusieurs opérations de collecte à travers le monde (*Clean Up the World*) et défini les lignes directrices de la gestion des détritus côtiers pour les mers régionales. L'Europe est également très active dans la lutte contre la pollution par les macro-déchets à travers la mise en place de directives, et le soutien aux travaux. Sur le plan national, le ministère de l'Écologie, du Développement durable et de l'Énergie est l'autorité compétente pour faire appliquer, sur le territoire, les différentes conventions internationales signées par la France, et les directives européennes. Il participe au financement de certaines opérations de sensibilisation ou de collecte avec les établissements publics et les services déconcentrés de l'État. Des organismes de recherche français contribuent au renforcement des connaissances et participe à la mise en place des suivis de la qualité. Le *Cedre* en tant qu'institut de référence sur les pollutions accidentelles est directement concerné par la problématique des conteneurs perdus en mer, des épaves échouées et des apports accidentels sur le littoral. L'Agence de l'environnement et de la maîtrise de l'énergie (Ademe) vise à améliorer l'élimination des déchets ménagers et industriels, en favorisant le recyclage et la valorisation, la réduction à la source et la pérennité des filières de traitement et de valorisation. Elle est le correspondant d'un projet européen qui a pour objectif l'observation des macro-déchets dans l'Atlantique Nord-Est.

Les collectivités territoriales détiennent un pouvoir d'action essentiel pour réduire la pollution des eaux marines par les

Méditerranée. Filets « pêchés » au large après une tempête

déchets. Les conseils généraux et régionaux contribuent à organiser des opérations de sensibilisation ou de nettoyage sur des territoires plus vastes que ceux d'une commune, proposent des méthodes de gestion, et financent certaines organisations. Ils soutiennent également des travaux visant à l'amélioration des connaissances. Les communes sont chargées d'organiser sur leur territoire la collecte et l'élimination des déchets ; elles disposent de la compétence pour constater des infractions et des pollutions de l'eau. Les municipalités gèrent généralement le problème du nettoyage sur leurs moyens propres ou dans le cadre de syndicats intercommunaux ou de communautés de communes, en faisant parfois appel aux emplois jeunes, à des structures d'insertion et à des entreprises privées. En fonction des enjeux touristiques, certaines communes ne se contentent pas de nettoyer les plages. Par exemple, dans les Alpes-Maritimes, en partenariat avec le département, elles procèdent à une surveillance aérienne en saison afin de récupérer en surface les déchets flottants avec des embarcations spécialisées ou posent des filets de protection pour protéger leurs plages.

Dans le cadre de leurs activités, de nombreuses associations de protection de l'environnement, ou d'associations sportives, ont constaté des dégradations du milieu marin dues à la présence de déchets. Ces constats les poussent à initier des actions de sensibilisation et de nettoyage, et parfois à faire des propositions auprès de décideurs locaux ou nationaux. On peut citer par exemple les associations de plaisanciers, de plongée sous-marine, qui font appel à leurs adhérents, à des volontaires ou des bénévoles, pour mener à bien ces actions. Des associations, telles que *Robin des Bois*, *MerTerre*, *SOS Mal de Seine*, *Rivages de France* (Conservatoire du littoral), la Ligue de protection des oiseaux et les antennes nationales de *Surfrider*, agissent de manière plus conséquente en participant aux groupes de travail et de réflexion. Certaines d'entre elles, comme *Expédition MED* et *Planète Urgence* en Méditerranée, proposent à des éco-volontaires, en association avec des équipes scientifiques spécialistes de la thématique, des campagnes en mer de prélèvements.

Où chercher l'information ?

Outre les sites dédiés sur Internet, les universités et organismes de recherche (Muséum national d'histoire naturelle, Ifremer, etc.), les services de l'État (DDTM, DREAL, Agence des aires marines protégées, Conservatoire du littoral, etc.), les préfectures maritimes, les opérateurs publics (Ademe), les gestionnaires d'espaces naturels et collectivités territoriales, les collectivités locales (élus, services techniques de nettoyage des plages), les comités régionaux et nationaux (comités interdépartementaux du tourisme, comités de pêches), les centres d'information de l'industrie et les nombreuses associations fournissent des renseignements sur les déchets marins ou peuvent être consultés sur des questions relatives à ce problème.

52 Comment les communes gèrent-elle le nettoyage des plages ?

Depuis Colbert et la création du domaine public maritime (DPM) en 1681, les usages et les pressions sur le littoral n'ont cessé de se développer, de nombreux outils de gestion du littoral ont vu le jour. Cependant, la responsabilité de l'organisation du nettoyage des plages est le plus souvent donnée aux communes et communautés de communes, dans le cadre de leurs compétences relatives aux déchets et à l'entretien des espaces publics.

Les plages, ainsi que les autres zones littorales de baignade et les ports, se trouvent sur le domaine public maritime qui appartient à l'État. L'État, à travers le Conservatoire du littoral et *Rivages de France*, apporte des conseils de nettoyage dit « raisonné » des plages. Ils apportent aux acteurs des collectivités littorales concernées des éléments de compréhension et de gestion appropriée à l'écologie de cette interface vivante. Les conditions géomorphologiques et les moyens mis en œuvre diffèrent beaucoup selon les communes. Elles sont plus ou moins exposées aux échouages en fonction des courants, des vents, de la proximité de cours d'eau et de grandes villes, des types et des niveaux de fréquentation touristique. Enfin, les besoins locaux varient suivant la taille, la longueur du littoral, la configuration et la nature des côtes : rochers, sable, accessibilité à pied et aux engins mécaniques. Ainsi, les communes s'organisent selon les besoins et enjeux politiques locaux. C'est souvent une question de responsabilité et de moyens, la plupart des communes littorales ou riveraines n'ayant, le plus souvent, que des moyens humains et financiers limités. Il s'agit généralement d'une pollution en transit. Cependant, la plupart des communes connaissent des points de piégeage déterminés par l'orientation de la côte, les vents dominants et la hauteur des vagues. Ce n'est que lorsque les déchets s'accumulent vraiment en masse dans des points de piégeage privilégiés et fréquentés, ou lorsque la dérive des macro-déchets menace directement une activité majeure de la commune que les collectivités agissent.

La prise en charge du problème par les collectivités locales trouve de nombreux exemples en France, notamment en région aquitaine. Située au fond du golfe de Gascogne, cette

Plage de Picardie. Si la mise en place de poubelles est une bonne initiative, leur implantation n'est pas toujours judicieuse et le rythme de collecte parfois inadapté

	CRITÈRES	*INTERVENTIONS*
Zones à forts enjeux touristiques	*Secteurs très fréquentés: Plages artificielles, plages surveillées, accès des plages*	*Nettoyage mécanique avec contraintes*
Zones à forts enjeux environnementaux	*Richesse écologique, présence de dunes*	*Nettoyage manuel*
Zone à très forts enjeux environnementaux	*Présence d'espèces protégées*	*Nettoyage manuel hors zones de nidification*

Stratégie de nettoyage des plages, d'après *Rivages de France*

région est confrontée au problème, en particulier au Pays basque, soumis aux apports maritimes issus de la circulation dans le golfe et des apports terrestres des rivières. C'est le Conseil général des Landes qui a organisé, dès la fin des années 1980, un ramassage global, systématique et mécanisé des macro-déchets sur l'ensemble de son littoral. Celui-ci a été complété par des dispositifs municipaux, interdépartementaux ou associatifs en vue d'une protection basée sur le principe des barrages flottants, puis par une collecte le long du littoral et enfin par des barrages sur les rivières permettant une récupération des déchets.
Les collectivités littorales ne sont évidemment pas les seules à se mobiliser et les rives de cours d'eau sont le théâtre de campagnes de collectes massives. Dans l'estuaire de la Seine, où le flux de macro-déchets sur le fleuve est estimé à 800 tonnes par an, en amont de Rouen, où 9 000 tonnes étaient déposées sur les rives de l'estuaire, un programme de collecte a été mené par le parc naturel. Il a fallu plus de cinq ans pour en retirer environ 4 000 tonnes. Les coûts de fonctionnement et de maintenance de ces dispositifs de protection ou de collecte sont très importants, au point même, qu'ils en menacent régulièrement leur pérennité. C'est le cas du programme de collecte du barrage de l'Adour qui doit être renouvelé.
La plupart des communes effectuent un nettoyage régulier des plages, dès le printemps au moment des vacances de Pâques, il se renforce au cours de l'été. Les mois de juillet et août, la plupart des communes littorales renforcent leurs équipes

d'intervention ainsi que les équipements. Les activités de nettoyage peuvent être assurées par les services techniques de la commune ou par la communauté de communes lorsqu'elles se sont unies pour ce type de service public. Elles peuvent aussi contracter avec une entreprise privée. Dans certains cas, elles contractent avec des associations d'insertion pour entretenir des espaces plus difficiles d'accès qui nécessitent des interventions manuelles. De plus en plus d'associations se mobilisent pour nettoyer bénévolement des portions moins accessibles du littoral, plus difficiles à entretenir. Des subventions sont parfois accordées pour soutenir ces initiatives. Celles-ci ne touchent cependant pas l'ensemble du littoral rocheux, parfois fréquenté.

Les nettoyages peuvent être réalisés manuellement et mécaniquement sur les plages accessibles par les engins et dont le substrat permet ce type d'intervention. Si les nettoyages sont moins réguliers l'hiver, la majorité des communes surveillent leur littoral toute l'année afin de répondre au besoin de nettoyage ponctuel qui se présente en fonction des caprices de la météo.

53 Les professionnels se mobilisent-ils pour lutter contre les déchets en mer ?

Les opérations de nettoyage sont fréquentes et impliquent souvent des associations sur le littoral, et des professionnels de la mer pour les opérations au large. Ces opérations se sont généralisées ces dernières années mais elles restent, le plus souvent, des opérations ponctuelles et ne concernent que des zones locales.

En Europe, l'association professionnelle des plasturgistes européens est à l'origine de la création, en 2011, de la Fondation *Waste Free Oceans*, avec le soutien de l'Union européenne. Cette organisation a pour objectif la récupération et la valorisation des macro-déchets plastiques flottant en mer. Sur la base d'un partenariat original entre le monde des pêcheurs professionnels et l'industrie de la plasturgie, des navires de pêche vont collecter des macro-déchets plastiques selon un protocole précis et au moyen d'engins expérimentaux (chaluts développés par la société Thomsea). Ces macro-déchets sont triés, puis pris en charge par des industriels du déchet qui les analysent (composition, origine...) pour en étudier les possibilités de valorisation.

Le « Fonds macro-déchets*» du Grenelle de la mer

Objectif 1 - Réduire le volume des déchets dans l'eau (prévention de la production de déchets aquatiques)
AXE I - Informer et sensibiliser sur les conséquences environnementales des comportements générateurs de déchets aquatiques (Actions 1- 4).
AXE VI - Impliquer tous les acteurs de la chaîne des produits qui finissent en déchets aquatiques (producteurs, distributeurs, prestataires de services, etc.) (Actions 20-21).

Objectif 2 - Améliorer la collecte et le traitement des déchets aquatiques
AXE XI - Optimiser la collecte et le traitement des déchets aquatiques pour éviter les dépôts diffus le long des berges et sur le littoral (Actions 34-35).
AXE XIII - Collecter les déchets en mer en les orientant vers les bonnes filières de traitement et améliorer la gestion des déchets des activités conchylicoles (Actions 37-38).
AXE XIV - Améliorer la gestion des déchets issus des activités de pêche (filets, chaluts, cordages, ...) (Actions 39-40).

Objectif 3 - Favoriser une gestion intégrée des déchets plastiques
AXE XV - Mieux connaître les impacts environnementaux (y compris sanitaires) des particules de plastiques dans l'eau et avancer dans la réflexion sur la gestion intégrée des déchets plastiques (Actions 41-42).

* Les recommandations du « Fonds Macro-déchets » du Grenelle de la Mer : http://www.developpement-durable.gouv.fr/IMG/pdf/G14-2.pdf
Site Internet de la Fondation Waste Free Oceans http://www.wastefreeoceans.eu

Méditerranée, France. Dans certaines zones, la collecte de déchets par les pêcheurs à toutes les chances d'être utile...

Depuis son lancement officiel à Saint-Jean-Cap-Ferrat, près de Nice, en mai 2011, le programme *Waste Free Oceans* se décline dans plus d'une dizaine de pays européens (Espagne, Grande-Bretagne, Belgique, Pays-Bas, Grèce...).
En France, un projet-pilote d'une durée de trois ans (2012-2014) a vu le jour pour traiter trois zones de concentration de déchets sur les côtes identifiées par des spécialistes. Les partenaires sont la Fédération de la plasturgie, le Comité national des pêches maritimes et des élevages marins et les sociétés Thomsea (fabriquant du chalut spécial) et Paprec (analyse et valorisation des macro-déchets plastiques récupérés). Le ministère de l'Écologie chargé de l'environnement et les agences de l'eau Seine-Normandie et Adour-Garonne apportent leur concours financier à ce projet.

54 Y a-t-il plus de déchets dans les ports ?

La directive européenne sur les installations de réception portuaires pour les déchets d'exploitation des navires et les résidus de cargaison améliore la disponibilité et l'utilisation des installations de réception destinées aux déchets. Elle poursuit le même objectif que la convention MARPOL pour la prévention de la pollution par les navires. Toutefois, cette directive se concentre sur le passage des navires dans les ports de l'Union européenne. Elle aborde de manière détaillée les responsabilités juridiques, financières et pratiques des différents opérateurs jouant un rôle dans le dépôt des déchets d'exploitation et des résidus de cargaison dans les ports.
Cette directive couvre également, dans tous les ports des États membres, tous les navires, y compris les navires de pêche et les bateaux de plaisance (quel que soit leur pavillon), faisant escale dans un port d'un État membre. Et ce, à l'exception des navires de guerre et des navires appartenant à un État, ou exploités par un État à des fins gouvernementales et non commerciales. Elle oblige les États à la fourniture d'installations de réception adaptées à l'importance du port et aux catégories de navires y faisant escale. Les capitaines des navires en partance sont soumis à une obligation de notification, du lieu où les déchets d'exploitation ont été déposés ainsi que la quantité de déchets restant à bord.
En France, concernant les ports, la loi de 1983 institue trois niveaux de compétences.

« Le département est compétent pour créer, aménager et exploiter les ports maritimes de commerce et de pêche. Demeurent toutefois de la compétence de l'État les ports maritimes autonomes, et les ports d'intérêt national. La commune acquiert compétence pour créer, aménager et exploiter les ports autres que ceux visés ci-dessus et qui sont affectés exclusivement à la plaisance. » Les ports de plaisance sont donc gérés par les communes dans la plupart des cas. Celles-ci organisent leur entretien en fonction des besoins et des décisions locales.

En raison de l'insuffisance des systèmes de collecte des déchets dans les ports, nombre de navires abandonnent leurs poubelles sur les quais

Les ports constituent des zones d'accumulation des déchets flottants en raison de la courantologie, de la géomorphologie de la côte et du développement urbain des villes littorales. Les vents dominants poussent les déchets flottants dans les zones de piégeage créées par ces anses réceptrices. Des émissaires de réseaux d'eau pluviale aboutissent aussi dans les ports avec leur cortège de déchets urbains jetés dans les caniveaux du bassin versant de ces réseaux.

Par ailleurs, les activités portuaires génèrent également des quantités très importantes de déchets spéciaux qui nécessitent des filières appropriées (fusées de détresse, batteries, huiles usagées, peintures, etc.). La notion de « port propre » est apparue dès les années 1990 en Bretagne, en Languedoc-Roussillon en 1998, en région Provence-Alpes-Côte d'Azur en 2001, en Corse en 2003. Un label est né à partir de l'expérience développée en région PACA et une certification AFNOR « gestion environnementale portuaire » a été créée. La démarche « Port propre » est un engagement volontaire de la part des gestionnaires. Elle est accompagnée financièrement et permet une gestion globale des déchets dans les ports.

Concernant les déchets flottants, la plupart des communes assurent un entretien du plan d'eau avec des bateaux spécialisés

ou à partir de barges équipées d'épuisettes, et ce, à une fréquence décidée par les gestionnaires. Le nettoyage des fonds s'organise régulièrement en faisant intervenir des entreprises spécialisées pour les nettoyages d'envergure (déchets les plus volumineux et lourds). Les moyens logistiques et financiers sont alors importants et ne permettent pas des interventions trop fréquentes.
Des sociétés nautiques et des associations organisent également et régulièrement des nettoyages avec leurs bénévoles pour les déchets les plus faciles à retirer des fonds. Dans la réalité, le problème est celui du manque d'infrastructures de certains ports : arriver à minuit dans un port et devoir faire parfois des centaines de mètres pour jeter des ordures rebute nombre de plaisanciers et même de professionnels. La solution passe par la multiplication des infrastructures. Plus récemment, à l'initiative de certains ports de plaisance, des collecteurs flottants ont été ajoutés pour faciliter la récupération.

55 Est-il vraiment écologique de nettoyer les plages ?

Les plages sont des espaces remarquables et des systèmes naturels dynamiques. Ces espaces sont largement soumis aux apports de déchets en raison de leur fréquentation et de leur exposition aux apports de la mer. À titre d'exemple, les corps flottants qui s'échouent sur les plages du littoral basque et dans l'estuaire de l'Adour représentent chaque année entre 18 000 et 37 000 mètres cubes. Dans les années 1970-1980, la généralisation du tourisme a entraîné un bouleversement profond dans la gestion des destinations balnéaires. Les communes ont développé des modes opératoires de nettoyages très poussés, le public s'est habitué à des plages de sable dénuées de tout objet, qu'il soit naturel ou issu des activités humaines.
Le nettoyage mécanique s'est répandu sur les plages accessibles aux engins et présentant un substrat qui le permet. Ces plages, souvent les plus fréquentées, représentent un enjeu touristique. La configuration de la côte détermine le type de nettoyage qui y est mené. Certaines plages dans le Sud-Ouest atlantique ou méditerranéen arborent un littoral sableux sur de très longues distances. Sur ces espaces, le nettoyage mécanique s'est progressivement imposé pour des raisons pratiques, financières et humaines. Il est en effet difficile de parcourir de

Plage de Soulac, Aquitaine (France). Le nettoyage de la laisse de mer, parfois nécessaire, élimine des débris naturels, végétaux et animaux, indispensables au bon fonctionnement de l'écosystème littoral

nombreux kilomètres à pied dans le sable, tout en transportant des déchets.

Le bord de mer est un écosystème vivant, très riche. Les communes organisent un nettoyage régulier pour garantir la sécurité et la salubrité publiques. Ces débris végétaux et animaux qui s'échouent représentent des maillons de la chaîne alimentaire de l'écosystème de bord de mer et leur enlèvement prive les espèces littorales de ces ressources vitales.

Le passage des cribleuses et tamiseuses a pour effet de décompacter le sable tout en en ôtant une partie et d'augmenter ainsi les risques d'érosion de la plage. En Méditerranée, ces risques s'ajoutent aux effets des vagues lors des tempêtes, au risque de l'augmentation du niveau de l'eau en lien possible avec le réchauffement climatique.

Depuis les années 2000, le constat de l'appauvrissement des écosystèmes littoraux amène progressivement à revoir les modes opératoires afin de restaurer la qualité des milieux et de protéger les espaces littoraux. Le Conservatoire du littoral et *Rivages de France* préconisent des nettoyages raisonnés des plages qui prennent en compte les contraintes relatives à l'attente des usagers des plages et les enjeux écologiques. Le littoral est étudié dans son ensemble et des plans d'intervention sont proposés.

56 Les déchets : combien ça coûte ?

Il est difficile de rendre compte de façon précise de l'ampleur des impacts négatifs des déchets. On sait encore mal estimer la valeur économique d'une plage, d'un estuaire, d'une zone littorale ou d'une zone de pêche. Les économistes vont jusqu'à parler de stocks optimums de déchets marins, définis par un équilibre entre les coûts engendrés et les pertes liées au tourisme (fréquentation des plages ou des zones remarquables, activités touristiques, etc.) ou aux activités économiques et les bénéfices tirés de la mise en œuvre d'une solution (nettoyage, réparations de filets, etc.).

Les impacts économiques touchent principalement les activités littorales comme la pêche, la plaisance, la navigation et les activités balnéaires. Ils impliquent un déficit réel de potentiel d'image et donc un impact sur la fréquentation. Les coûts sur la santé publique sont très mal connus et l'impact environnemental n'est que très rarement pris en compte. Il s'agit de l'un des enjeux majeurs pour les années à venir, notamment la définition de bases financières et juridiques en vue de l'évaluation de ces coûts de dégradation de l'environnement. Évaluation pour les déchets à l'identique de ce qui commence à se faire pour les accidents de pétroliers.

L'évaluation des coûts est extrêmement difficile. Elle repose sur des informations diffuses et partielles. De plus, le comportement des déchets en mer (temps de résidence, transport, etc.) peut engendrer un déplacement des coûts vers des zones lointaines. Le transport de déchets après le tsunami du Japon en 2011 vers les côtes canadiennes en est le meilleur exemple. Le type de déchet est également important car les modes de collecte varient selon la taille et la nature des objets. En Asie du Sud-Est, les économistes ont évalué les pertes globales de 21 pays à un milliard d'euros pour l'année 2008. Aux États-Unis, une étude fédérale réalisée sur 90 villes de la côte ouest a évalué le coût annuel à environ 10 euros par personne et par an pour l'entretien et le nettoyage des villes côtières. Pour les seules plages, les coûts peuvent aller jusqu'à 2 euros par personne pour un coût global d'enlèvement estimé à 3 500 euros par tonne de déchets, sans considération des risques associés. Cela représente un montant total de 400 millions d'euros. Dans ces conditions, la recherche de solutions efficaces de prévention ou de traitement est devenue une nécessité absolue.

Les communes littorales ont l'obligation d'effectuer un nettoyage des plages aménagées en période estivale, et de garantir des eaux de baignade de qualité dans la zone des 300 mètres, à compter de la limite des eaux. Certaines plages sont nettoyées toute l'année sans interruption, la fréquence des actions (nettoyage manuel, tamisage) étant renforcée durant la période estivale. À ce titre, les communes du Pays basque dépensent plus de 2 millions d'euros par an. En Espagne, plus de 60 000 euros par an sont dépensés en moyenne dans chaque port pour l'enlèvement des déchets. Quant à la ville de Nice et de ses alentours, ce sont 40 personnes, 5 bateaux et 1 avion qui sont affectés, entre mai et septembre, au repérage et à la collecte des déchets des plages et des plans d'eau de l'agglomération.
L'industrie de la pêche est particulièrement touchée par les déchets en mer. En Europe du Nord, une enquête a montré que 92 % des pêcheurs ont été confrontés de manière récurrente au problème des chalutages de déchets marins, des « croches » et des incidents de navigation. La situation a conduit certains

Méditerranée, France. Le coût de l'impact des déchets sur l'aquaculture et la conchyliculture pourrait atteindre quelques millions d'euros chaque année en Europe, notamment dans les pays producteurs (Italie, Grèce, Norvège, Écosse, Espagne). Il concerne principalement la prise des déchets dans les filets, l'entretien des zones d'exploitation ou les moteurs de bateaux

pêcheurs à déplacer leurs zones d'activités en raison des coûts associés. Dans cette région, les gros bateaux sont moins affectés car ils pêchent en pleine eau plutôt que sur les fonds. Avec moins de personnel, le coût relatif est également augmenté sur les petits navires. Ces coûts sont liés au nettoyage et à la réparation des filets ou des moteurs/hélices encombrés.
En Alaska, 40 à 60 % des chalutages collectent des déchets. Aux Shetlands, la communauté des pêcheurs a évalué les pertes moyennes annuelles par navire entre 4 000 et 8 000 euros pour le temps de nettoyage des filets et pour l'enlèvement des déchets sur les hélices. Pour la moitié des pêcheurs affectés, cela représenterait un coût global de 600 000 à 2,8 millions d'euros chaque année. En mer Celtique, le coût annuel moyen est estimé entre 7 000 et 35 000 euros par an. Ces coûts peuvent être augmentés d'environ 2 500 euros avec la contamination des engins de pêche par les huiles, fuels et peintures, issus des nappes, mais aussi des pots et bidons abandonnés. De la même manière, dans la région du Bohus en Suède, le coût global estimé est de 750 000 euros chaque année. À l'échelle mondiale, on dépasse un « chiffre d'affaires » de 10 milliards d'euros… une broutille !

Vers la suppression du problème à sa source

57 Faut-il interdire ou taxer pour réduire cette pollution ?

Les sacs et les bouteilles plastiques sont les principaux déchets marins. Parce qu'ils sont durables, flottants et bien visibles, le public est directement touché par leur présence en mer. Ces déchets, ou leurs produits de dégradation, sont considérables. La recherche de solutions s'oriente vers des mesures pour les réduire. Trois cents, c'est le nombre de sacs plastiques utilisés chaque année par un Français.
Bien entendu, le plus efficace serait de s'attacher à limiter les apports. Certains pays, dont le Bangladesh, dès 2002, l'Afrique du Sud et l'Inde, en 2003, puis la Chine, les États-Unis, ont pris des mesures d'interdiction, totale ou partielle, selon les types d'emballages, leur composition ou leur épaisseur. En Europe, l'interdiction généralisée des plastiques est malheureusement irréalisable. D'une part, la pérennisation des systèmes de

production et de distribution des sacs et des emballages en plastique est soutenue par l'industrie, et d'autre part, les traités européens interdisent d'agir à l'encontre des intérêts économiques des entreprises européennes. Il est « Interdit d'interdire » et les décisions récentes, comme en Italie en 2012, de généraliser l'interdiction des sacs plastiques est en fait illégale. En France, la loi d'orientation agricole de janvier 2006 interdit la commercialisation et la distribution de sacs plastiques non-biodégradables à partir du 1er janvier 2010. La Commission européenne a rejeté les décrets d'application car non conformes à la loi européenne. L'alternative est une fiscalisation qui ne peut se traduire que par des initiatives à l'échelle des États. En France, les sacs seront taxés à partir de 2014, à hauteur de 10 euros par kilo. Cette disposition interdira également les faux sacs biodégradables, dits « oxo-dégradables », « oxo-biodégradables » ou « oxo-fragmentables » (composés de plus de 90 % de polyéthylène et d'additifs de fragmentation). La taxe ne s'appliquera pas aux sacs plastiques biodégradables pour déchets fermentescibles, constitués d'un minimum de 40 % de matières végétales. La réaction du public est en général favorable à ce type d'action en raison de l'intérêt général.

Les craintes initiales des industriels ont disparu et les changements de comportements associés vont même dans l'intérêt des producteurs. À titre d'exemple, la taxation des sacs plastiques et l'institution en France d'un système de sacs consignés a largement contribué à une baisse de la quantité des sacs distribués, par souci d'économie des distributeurs, mais également des consommateurs. À l'inverse, les comportements, le plus souvent de la population urbaine, qui visent à conserver les sacs pour les réutiliser ont changé pour la consommation des sacs « poubelles ». Contre toute attente, la production de plastique, dédiée aux sacs, a augmenté et favorisé l'industrie. Le bilan est une gestion améliorée des circuits de distribution avec une baisse de 90 % des sacs plastiques distribués depuis douze ans en France, sans affecter la production industrielle. Ce genre de pratique s'est généralisé ces dernières années dans le monde entier et en Europe.

Les montants des taxes sur les sacs plastiques sont variables selon les États. En Irlande, la taxe instituée par le Parlement, et mise en application à partir d'avril 2013, est de 5 centimes d'euro par sac, avec un objectif de baisse de la consommation de 80 % en quelques années. Cette disposition concerne tous les types d'emballages, y compris le papier, dont la fabrication reste polluante. En Australie, une étude réalisée sur 16 supermarchés a montré une baisse de 79 % de la distribution suite à la taxation de 0,1 dollar par sac. La liste des pays concernés par ce dispositif est de plus en plus longue.

Ce sont en général les circuits de la grande distribution qui sont visés en raison des volumes importants de sacs. Les grandes surfaces françaises sont passées d'environ un million de sacs distribués chaque heure, en l'an 2000, à quelques dizaines de milliers en 2012. Politiquement, l'image des pays est grandement améliorée.

Concernant plus largement les emballages, le programme de recyclage et de valorisation des déchets des ménages mis en œuvre en France depuis 1975 contribue à réduire la quantité

Plage de la baie de Somme. Sans réglementation et sans taxe, la laisse de mer deviendra très vite une laisse de déchets...

de déchets abandonnés dans la nature. Ce programme a été accentué depuis le décret d'avril 1992 qui oblige les producteurs, importateurs et distributeurs à pourvoir ou contribuer à l'élimination de l'ensemble de leurs déchets d'emballages. Éco-Emballages, organisme agréé par l'État en 1992, est chargé de les éliminer à la place des producteurs, avec pour objectifs d'accompagner les collectivités locales et entreprises dans leurs programmes de recyclage, et dans le développement et techniques de valorisation.

Le décret de juillet 1998, transcrit partiellement en droit français la Directive européenne du 20 décembre 1994 relative aux emballages et aux déchets d'emballage. Dans l'article 3, il est exigé que l'emballage soit « conçu et fabriqué de manière à réduire son volume et sa masse au minimum nécessaire pour assurer un niveau suffisant de sécurité, d'hygiène et d'acceptabilité ». Ce décret prend aussi en compte des exigences liées à l'environnement dans la conception et la fabrication des emballages.

Les programmes de réduction à la source sont aussi liés à l'évolution des connaissances concernant la qualité et les quantités des macro-déchets. Mieux connaître ces caractéristiques permet de définir plus précisément les normes, les moyens et les systèmes financiers à mettre en œuvre en appliquant le principe de responsabilité élargie du producteur.

58 Que font l'État et l'Europe face aux déchets marins ?

Par définition, les macro-déchets sont une pollution dite « orpheline », c'est-à-dire que le pollueur n'étant pas identifié, le pollué ne peut espérer une quelconque indemnité pour le tort causé, pas même pour le ramassage. Il n'existe pas encore de fonds spécifiques créés dans un cadre national ou international (comme c'est le cas, pour les déversements accidentels d'hydrocarbures avec le Fipol, ou de substances dangereuses potentiellement nocives). En outre, la plupart des communes littorales ou riveraines ne disposent, le plus souvent, que de moyens humains et financiers limités.

Si les travaux sur les déchets marins sont restés longtemps des initiatives locales d'associations ou d'individus, l'importance du sujet et son actualité ont conduit les institutions à engager des actions de protection de l'environnement. Les instituts nationaux comme le *Cedre*, l'Ifremer et l'Ademe

Recommandations des Grenelle de l'environnement et de la mer

Ces recommandations et actions à développer prônent l'éco-conception pour :

- le développement des produits biodégradables ;
- la sensibilisation du public pour l'inciter à modifier ses pratiques ;
- la rationalisation du traitement pour diminuer les pertes ou envols de déchets ;
- le renforcement de la réglementation et des actionsadministratives ou pénales ;
- la mise en place de filières de traitement spécifiques (notamment pour la pêche) ;
- l'intervention sur des sites sensibles (comme certaines plages en été) ;
- l'adaptation des stations d'épuration pour éliminer les déchets avant rejet des eaux usées ;
- la mise en œuvre d'un fonds macro-déchets basé sur les principes « pollueur-payeur » de solidarité et de mutualisation.

réalisent des études sur divers aspects du problème tels qu'un bilan de la situation, l'évaluation de la nature et des flux de déchets à la mer et la gestion des données en support aux politiques publiques. La réduction des quantités de déchets reste l'objectif premier. Les priorités affichées concernent la diminution de la production par des campagnes de sensibilisation et d'information auprès des collectivités. S'y ajoutent la nécessaire amélioration du recyclage et de l'incinération, et l'adaptation de la fiscalité. Cette dernière solution reste cependant controversée car elle incite à revenir au geste ancestral mais aujourd'hui nocif de jeter discrètement ses déchets dans la nature. Tout le monde n'acceptera pas cet impôt supplémentaire et le risque d'un retour aux rejets sauvages est important. Une réduction d'impôt, personnalisée et mensuelle, suivant le poids de déchets recyclables déposés, est plus alléchante. Cela passe par des sacs poubelle à code barre personnalisés. L'amélioration et la coordination de la collecte suivent, prenant en compte le ramassage (manuel ou automatisé) des déchets sur les plages, la collecte dans les ports, la mise en place de barrages flottants (impliquant les gestionnaires d'ouvrages comme les Voies navigables de France ou Électricité de France), la mise à contribution des pêcheurs. Autant d'actions mises en œuvre tout récemment. Les Grenelles de l'environnement et de la mer ont inscrit un ensemble de recommandations et d'actions à développer.

Qui suit les réglementations ?

L'intégration d'actions de prévention et de lutte dans les politiques publiques est donc l'un des aspects majeurs comme les schémas directeurs d'aménagement et de gestion de l'eau.
La prise en compte récente du problème des déchets en mer par la Commission européenne a conduit à considérer ce problème comme important, au même titre que ceux de la biodiversité ou de la contamination chimique. La mise en œuvre de la Directive cadre européenne sur la Stratégie pour le milieu marin favorise le financement et la réalisation de projets de recherches européens sur ces divers aspects. La compréhension du cycle des déchets en mer, la dégradation et les effets des micro-plastiques, les impacts de déchets sur la faune, l'évaluation des sources et le transport en mer sont des questions prioritaires et d'actualité.
Indépendamment des actions politiques en faveur des déchets en général, les actions de collecte sont également soutenues, auprès des pêcheurs, notamment. Sur la base des évaluations de la situation dans les différents États membres, à partir d'objectifs environnementaux définis par les spécialistes, un programme de mesures, à l'échelle européenne, est en cours

d'élaboration pour diminuer les apports. Il faudra certes du temps pour évaluer le succès de ces actions, mais les décisions successives, depuis les années 2000, d'interdire les sacs de sortie de caisse, ont permis, en France, de diminuer les quantités de sacs plastiques dans la grande distribution de 90 % en dix ans. Difficile de faire mieux !

59 Qui s'occupe de nettoyer ?

La définition et la mise en œuvre de filières de collecte, tri-conditionnement, traitement et valorisation constituent une partie importante de la dynamique actuelle qui tend à intégrer les macro-déchets dans les programmes de gestion, de préservation et de restauration des cours d'eau.

Les initiatives sont nombreuses, dans tous les estuaires, pour nettoyer les berges. L'exemple de la Seine est intéressant. Une gestion régionale, puis départementale (Eure et Seine-Maritime), a été mise en place avec de nombreuses opérations de ramassage sur des zones relativement inaccessibles. Pour tous les fleuves et pour toutes les rivières, les associations jouent un rôle primordial dans le nettoyage et la prévention des apports. Malheureusement, ces opérations ne limitent pas totalement les apports fluviaux à la mer, car si les échouages ne sont plus visibles, le problème persiste dans les fleuves.

En mer, les communes littorales mettent en œuvre des remparts contre les macro-déchets lorsqu'elles sont confrontées à des arrivages qui nuisent aux activités touristiques. Depuis de nombreuses années, des entreprises privées assurent l'entretien des plans d'eau devant les plages des

Parc naturel régional des Boucles de la Seine normande

Trente mille mètres cubes, soit environ 9 000 tonnes, c'est la quantité des dépôts amassés en plus de 30 ans sur 58 kilomètres de berges ! Elle a été estimée par l'écologue Michel Lerond, à l'issue d'un inventaire détaillé des rives, mené en 1997, entre Poses et l'estuaire. Ce vaste programme de nettoyage a permis en 5 ans (2001-2006) de récupérer la moitié de ces déchets (soit près de 4 000 tonnes, dont 3 800 tonnes de bois, 138 tonnes de plastiques et papiers, etc.). Le projet a été conduit par le Parc naturel régional, soutenu par les collectivités territoriales et les administrations, financé sur des fonds européens Féder. L'opération se poursuit, subventionnée depuis 2008, par les Conseils généraux de la Seine-Maritime et de l'Eure, avec comme prestataire, une association d'insertion privée.

Alpes-Maritimes et du Pays basque. En été, les collectivités financent le nettoyage quotidien, du plan d'eau jusqu'à l'utilisation d'un avion pour guider les engins spécialement équipés pour la collecte des macro-déchets flottants. Certaines communes font installer des filets anti-méduses devant leurs plages qui arrêtent également les déchets flottants.

La Communauté urbaine de Marseille-Provence Métropole

Elle gère un programme de gestion concertée des macro-déchets. Grâce à la mobilisation d'associations et de ses services techniques lors des opérations de nettoyage, et aux actions de caractérisation, elle assure le lien entre le traitement, la gestion, le nettoyage et le suivi des impacts. Ce programme est complété par la mise en œuvre d'un contrat de baie et de rivière sur l'Huveaune. L'association *MerTerre* assure le programme de gestion concertée en s'appuyant sur l'approche dynamique et fonctionnelle du modèle DPSIR1 – Pression-État-Impact-Réponse – qui consiste à mener des investigations sur les déchets, sur les forces et pressions à l'origine de ces déchets (contexte, vents dominants, courants et pressions anthropiques), et sur les réponses apportées par les acteurs. Des actions de réduction à la source sont proposées notamment en formant les agents de la propreté urbaine et en développant un plan de réduction des mégots « sauvages ».

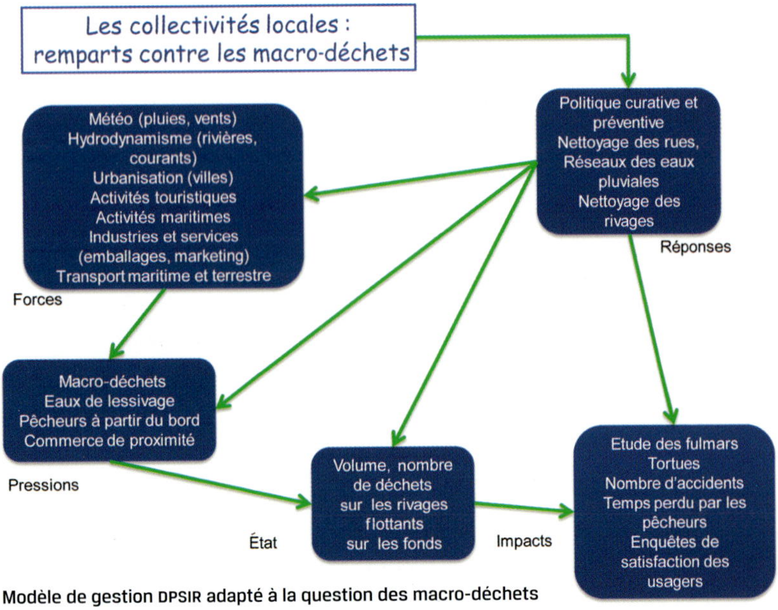

Modèle de gestion DPSIR adapté à la question des macro-déchets

60 Quel est le rôle des associations dans la lutte contre les macro-déchets?

Les associations ont joué, et continuent de jouer, un rôle prépondérant dans la problématique des macro-déchets en France. Elles sensibilisent et informent le public, elles éduquent les plus jeunes, elles contribuent au nettoyage des plages et des rives, elles s'associent à la science participative, et font pression sur les décideurs.

Les premières associations à se mobiliser sont celles qui regroupent des membres pratiquant un sport de nature. La plus connue, la *Surfrider Foundation*, a été créée en 1984. Elle réunit les surfeurs préoccupés par leur sport et par la qualité du milieu marin. Depuis une dizaine d'années, l'association s'implique dans le système de surveillance de la qualité des eaux de baignade. Elle organise des nettoyages de plages ou de cours d'eaux. En 2013, les *Initiatives océanes* ont rassemblé, sur 900 sites, plus de 40 000 bénévoles dans le monde. L'association sensibilise aussi, par des actions locales, mais aussi par un programme éducatif auprès des jeunes, notamment en milieu scolaire, dans les clubs de surf et dans les centres de loisirs. D'autres initiatives nationales, ouvertes aux bénévoles, permettent une couverture importante du littoral.

Les associations d'insertion sociale ont un rôle tout à fait à part. Elles ciblent la collecte des macro-déchets comme vecteur de réinsertion sociale. Deux d'entre elles (*Estran*, Dieppe et *Aquacaux*, Le Havre) sont même des acteurs du suivi en tant qu'observateurs des programmes de surveillance internationaux. La plus-value sociétale et environnementale de ce type d'association est démontrée depuis longtemps. Leur nombre reste toutefois limité, leur statut d'observateur est compromis car trop dépendant des fluctuations budgétaires des rares collectivités qui y recourent.

Dans la région Provence-Alpes-Côte d'Azur, une initiative appelée *Calanques propres*, coordonnée par l'association *MerTerre*, regroupe de nombreuses consœurs qui invitent au ramassage et à l'évaluation des quantités de déchets collectés. En 2012, 87 mètres cubes de macro-déchets ont été retirés sur le littoral, impliquant 980 personnes issues de 50 structures.

Légèrement à part, en tant qu'association à mission de service public, le *Cedre* s'intéresse depuis plusieurs années, à la demande d'agences de l'eau ou du ministère de l'Écologie, aux questions de perception de la pollution ou d'adéquation des

Un exemple d'association

Depuis 2005, l'association *MerTerre* développe des outils de caractérisation des macro-déchets et d'aide à la décision pour les gestionnaires. Elle maintient une base de données (www.resodema.org). Elle accompagne les pouvoirs publics et les entreprises dans la construction, la mise en œuvre de programmes de réduction de la pollution des eaux par les déchets solides. L'association identifie, coordonne et valorise le réseau social qui organise des nettoyages bénévoles. De même, l'Odema (Observatoire des déchets en milieux aquatiques) propose, depuis quelques années, une méthode de caractérisation des macro-déchets.

Estuaire de la Seine. Une journée de ramassage des déchets par une association de réinsertion

moyens de collecte existants. À partir de 2009, le ministère lui a demandé de renforcer son implication en tant qu'expert technique auprès de la Commission pour la protection du milieu marin de l'Atlantique du Nord-Est (OSPAR) et dans le cadre des Grenelles de l'environnement et de la mer, puis de la mise en œuvre de la Directive cadre Stratégie pour le milieu marin.

61 Qui réglemente les rejets à partir des navires et des plates-formes offshore ?

Les déchets, issus des activités maritimes de transport ou d'exploitation, représentent une part importante des macro-déchets présents sur nos plages, voire majoritaires, en certains secteurs.
La Convention internationale pour la prévention de la pollution à partir de navires (plus connue sous le nom de MARPOL)

vient de renforcer en 2013 ses exigences (MARPOL V) en matière de rejets de détritus en mer.

Fini le temps où l'on pouvait encore jeter des déchets pardessus bord ! Dorénavant, le navire aura à les gérer à bord et à s'en débarrasser à terre, dans un port pourvu d'une station de réception spécifique.

Tout rejet de détritus ou déchet en mer à partir de navires (et de plates-formes) est à présent prohibé, excepté en quelques rares circonstances bien définies, ainsi qu'en situation d'urgence où les circonstances peuvent mettre en péril la vie de l'équipage, la cargaison ou le navire.

Par détritus, MARPOL V considère les déchets de nourriture, les déchets ménagers, et les déchets opérationnels qui sont générés à bord durant les opérations normales, dont le bord est susceptible de se débarrasser en continu ou de manière occasionnelle. Ce règlement interdit particulièrement tout rejet en mer de plastiques, n'importe où dans le monde, même sous la forme incinérée (cendre et mâchefer), issue d'incinérateur de bord. La convention désigne également des « zones spéciales », notamment la Méditerranée, dans lesquelles seul le rejet de déchets alimentaires est autorisé à plus de 12 milles des côtes, uniquement. L'application par la France de la Convention MARPOL est particulièrement stricte. La loi de mars 2004 et la loi d'août 2008 prévoient un an d'emprisonnement et 200 000 euros d'amende pour tout capitaine coupable d'infractions aux dispositions des règles 3, 4 et 5 de l'annexe V, relatives, entre autres, aux interdictions de rejets d'ordures.

MARPOL V

Adoptée en novembre 1973, puis modifiée par le protocole de 1978, la Convention internationale pour la prévention de la pollution à partir de navires – ou MARPOL 73/78 – est entrée en vigueur en octobre 1983. Cette convention joue un rôle majeur pour la protection de l'environnement du milieu marin, en cas de déversement accidentel ou opérationnel. Elle comprend six annexes dédiées à une source spécifique de pollution à partir des navires : hydrocarbure (annexe I), substances liquides nocives transportées en vrac (annexe II). L'annexe V – ou MARPOL V – a pour objet d'éliminer, voire de réduire, les volumes de détritus rejetés en mer. En vigueur depuis décembre 1988, elle a été modifiée en 1994 (pour un contrôle de port par des officiers de l'État), puis en 1995 (pour l'obligation d'un livre d'enregistrement des déchets à tous navires de 400 tonnes de jauge brute et plus, et à toutes plates-formes offshores). La dernière révision de MARPOL V, adoptée en 2011 par plus de 130 États membres, est entrée en vigueur au 1er janvier 2013.

Quelques exceptions d'interdiction de rejets sont accordées. Elles ne concernent que des effluents liquides non-toxiques, les restes de nourriture finement broyés et, de manière plus exceptionnelle, les carcasses animales.

Les rejets liquides autorisés concernent les effluents de lavage de pont et de structure (à condition qu'ils ne contiennent pas de composés toxiques pour l'environnement), et des effluents de lavage de cales (à condition qu'il ne s'agisse pas de substances dangereuses contenant des composés cancérigènes, mutagènes ou toxiques pour la reproduction).

Les critères de rejets en mer varient quelque peu selon que le navire ou la plate-forme se trouve à l'intérieur ou à l'extérieur d'une des zones spéciales définies par l'Organisation maritime internationale correspondant à un secteur de trafic maritime intense ou à une mer « fermée », caractérisée par le faible renouvellement de ses eaux. En font partie, la mer Baltique, la mer du Nord, la Méditerranée, la zone caraïbe, l'Antarctique, la mer Noire et la mer Rouge. Pour ce qui concerne les déchets, ces deux dernières mers ne sont pas encore classées zones spéciales, faute de stations de réception de déchets à terre.

Chaque année, cinq à six millions de tonnes de déchets, dont des milliers de conteneurs, sont rejetés dans le monde par des navires

La grande majorité des opérateurs maritimes est concernée puisque la réglementation s'applique à tous les navires de 100 TJB (tonneaux de jauge brute) et plus, à tous les navires certifiés pour le transport de 15 personnes et plus, ainsi qu'aux plates-formes, fixes ou flottantes, engagées dans l'exploration et l'exploitation des fonds marins.
Les opérateurs ont obligation de mettre en œuvre un Plan de gestion des détritus, précisant les procédures adéquates définies pour la manipulation de ces derniers. Cela suppose la mise à disposition de moyens spécifiques à bord pour trier et stocker les déchets (bacs, espaces), mais aussi, au besoin, pour les traiter (compacteur, broyeur) ou les éliminer (incinérateur); de tenir un livre d'enregistrement des détritus, dûment signé, consignant avec précision toutes les opérations de rejet et d'incinération (type et quantité de déchets, lieu, date, heure, etc.). Ce document, qui doit être gardé deux ans après la dernière entrée, facilitera le contrôle, par l'État du port, de la gestion des déchets à bord des navires, et prouvera aussi les bonnes pratiques du bord. Il y a, par ailleurs, une obligation d'instruire le bord des exigences MARPOL V et de placarder des affiches informant le bord et les passagers de ces dernières. La nouvelle convention MARPOL V apporte des changements significatifs dans l'exploitation des navires et des plates-formes, mais aussi dans celle du port d'escale, puisqu'elle impose aux États la création d'installations de réception *ad-hoc* de déchets dans les ports.

62 Existe-t-il des systèmes de suivi des déchets ?

Que ce soit au niveau mondial, régional ou local, que ce soit en pleine mer ou dans les zones côtières, la demande, le développement et la mise en service de systèmes opérationnels de suivi des déchets est plus que d'actualité. Le couplage de modèles de circulation océanographique et de modèles de suivi de particules peut fournir des informations sur le transport, l'accumulation, la provenance des débris flottants dans l'océan.
Les modèles mathématiques de suivi de particules, ou outils « lagrangiens », pour la prédiction du devenir des déchets marins permettent de comprendre comment les paramètres relatifs aux courants, à la température de l'eau, aux positions, quantités et apports affectent la dynamique des déchets. Ils

utilisent un modèle qui décrit la circulation, associé à un système de prévision atmosphérique comprenant le vent, les flux de chaleur et les précipitations. Ce sont les conditions météorologiques et les conditions océanographiques (courants marins, marées...) qui vont principalement conditionner leur répartition dans le milieu. Des déchets virtuels sont alors introduits dans les modèles hydrodynamiques forcés, en leur autorisant un déplacement libre. Cette technique permet de réaliser des simulations et des scénarios, et de tester l'influence du ruissellement, des fleuves et rivières, des vagues, du vent ou des marées. Bien que plus rare, les catastrophes naturelles (tsunamis, tempêtes, crues...) peuvent aussi être prises en compte. Ces modèles offrent la possibilité de lier la présence de déchets aux fortes densités de populations, à la présence de zones urbaines et aux routes maritimes.
Ces prévisions permettent de considérer diverses échelles de temps. Plus l'échelle spatiale est grande, plus la simulation demande une grande échelle temporelle. À l'inverse, une observation de phénomènes très locaux à l'échelle d'une baie par exemple requiert un intervalle de temps plus court. À cette notion de temps, s'ajoutent des informations sur la nature même des déchets, et surtout leur temps de dégradation correspondant à leur durée de vie dans le milieu marin.

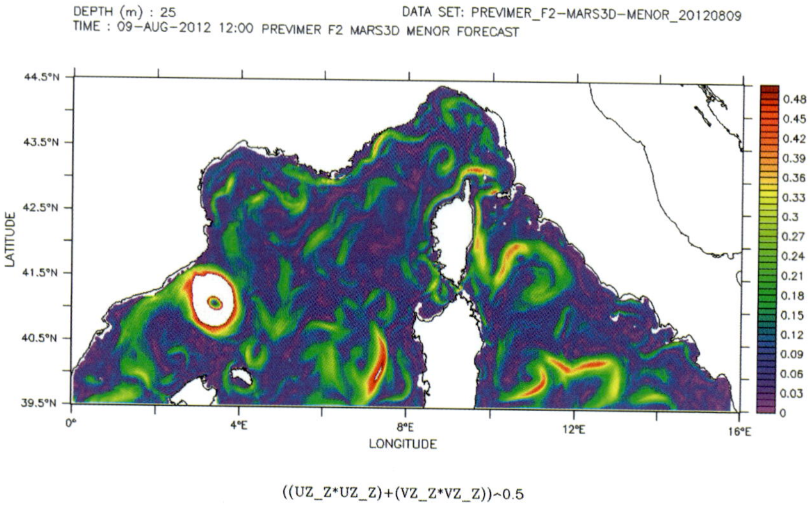

Modèle océanographique de circulation, à l'échelle régionale, permettant les simulations de transport de particules de déchets (vitesse de courant en mètre par seconde)

Les modèles de dispersion peuvent fonctionner dans le sens d'une simulation à partir d'un lieu précis, permettant de suivre les déplacements des déchets dans l'espace. Cette méthode nécessite une confirmation en mer, au moins pour valider les modèles. Dans ce cas, les sources sont connues et la destination peut être identifiée. Ces modèles de dispersion peuvent également fonctionner en *back-tracking*, ou de manière rétroactive, où ces derniers remontent dans le temps, en indiquant le chemin effectué par les déchets, à partir d'une destination finale, par exemple un échouage de débris sur une plage. Dans ce cas, la cible est connue et c'est la source qui est recherchée. Il devient alors possible d'obtenir des cartes des routes suivies par les débris marins avant l'arrivée à destination.

Les modèles de dispersion lagrangiens sont des outils d'assistance qui fonctionnent en temps réel. Ils constituent une première étape permettant de définir les zones d'accumulation, les tourbillons permanents, les zones de circulation rapide, et d'estimer les temps de résidence et de dérive. Ils apportent des éléments importants, notamment cartographiques pour l'évaluation des sources et des destinations, ou du transport transfrontalier particulièrement important en Europe. Leur utilisation constitue déjà un préalable nécessaire à des mesures de prévention, notamment pour la limitation des apports, ou pour la provision et prévention des risques associés aux déchets.

63 Comment agir face aux déchets ?

L'abandon des déchets et autres résidus dans la nature est une pratique ancienne. Entre les respectueux, les indifférents et les réfractaires, tous les comportements sont possibles.

Pour le consommateur, le rapport aux déchets commence dans les magasins, se poursuit dans la rue, à la maison ou dans la nature, une fois que les résidus des produits consommés doivent être jetés. Les programmes de sensibilisation auprès des scolaires et du grand public menés par les associations d'éducation au développement durable, Éco-Emballages et l'Ademe, favorisent la réduction de la production de déchets, des rejets « sauvages », ainsi que le tri et le recyclage. Malheureusement, les freins existent et s'expriment, le plus souvent, en termes de méconnaissance. La population est rarement informée du caractère nocif des rejets de déchets dans les rues et la nature. Et pourtant, une grande part du problème des macro-déchets serait

Nouméa. Les aménagements côtiers devraient tenir compte du comportement des individus ou des entreprises pour ne pas tenter le diable…

résolue si les déchets étaient jetés dans des poubelles et non dans les rues, les caniveaux, les cours d'eau ou la mer.
Par ailleurs, dans les communes, les consignes de tri ne sont pas toujours comprises par les administrés. La complexité des matériaux implique une multitude de traitements et de questions. Dans quel conteneur déposer les déchets ? Quels sont les déchets à trier ? La contrainte logistique est également importante. En ville, dans un port, il faut souvent marcher plusieurs centaines de mètres pour trouver un bac ou une benne à ordures. Si l'effort à fournir peut justifier le désintérêt d'un individu, la démarche individuelle isolée peut être perçue comme inefficace et impuissante pour l'intérêt commun, ce qui limite fortement les initiatives.
Les déchets marins sont, pour leur plus grande majorité, des déchets issus de la consommation des ménages. Les solutions sont donc principalement à ce niveau en plus de celui des individus. Il faut impérativement réduire les déchets et limiter au maximum les produits jetables, les emballages, les sachets plastiques et le polystyrène expansé. À la demande de l'Agence de l'environnement et de la maîtrise de l'énergie, une enquête a montré que l'habitude, désormais bien établie, de trier ses déchets, a fortement contribué à changer les mentalités. Le

public choisit de plus en plus des produits limitant la quantité de déchets issue de leur consommation. Ces achats éco-responsables permettent de réduire la production de déchets, notamment l'utilisation de suremballages. En choisissant les produits pauvres en emballages, nous préservons également les ressources naturelles. Cette démarche privilégie les circuits courts, les produits locaux et contribue, d'une manière plus générale, à réduire notre empreinte écologique.
Les industriels ont bien entendu, ici, une carte à jouer, en proposant des produits « éco-conçus » et moins emballés. Leur rôle est d'étudier attentivement le cycle de vie de leur produit afin de respecter l'environnement et le consommateur, de la conception à l'utilisation intensive, de la valorisation à l'éventuelle perte accidentelle.
Il reste les obligations des gestionnaires. Les services techniques et administratifs jouent un rôle fondamental dans la mise en place des systèmes de collecte des déchets, dans le rythme de collecte, dans la récupération et le recyclage des matériaux dispersés dans les espaces publics. Leur bon fonctionnement est essentiel.
On a notamment pu observer que les déchets « appellent » les déchets. Une zone avec des déchets par terre entraîne un apport constant, d'où l'importance de maintenir les espaces publics propres. Les bennes sont d'ailleurs progressivement retirés des espaces naturels afin d'inciter les usagers à ramener les déchets avec eux. Ces zones naturelles sont aujourd'hui beaucoup plus propres.

64 Peut-on réduire la pollution en sensibilisant la population ?

Durant des millénaires, la gestion des déchets n'a pas posé de problèmes particuliers. Les hommes préhistoriques jetaient des restes de nourriture sur le sol et la nature se chargeait de les faire disparaître. L'apparition des épidémies a obligé les gens à installer une fosse dans chaque maison et les villes à inventer l'assainissement collectif. Les métiers de chiffonnier et ferrailleur sont apparus pour ramasser les vieux vêtements, les chiffons, les os et les graisses animales, les cheveux et toutes sortes d'objets réutilisables. Le recyclage était né, au même titre que les taxes pour non-respect des règlements, ou les redevances et taxes pour le financement des politiques sectorielles. En raison du développement démographique du commerce, de l'exode rural et citadin, la population des villes se développe et les déchets commencent. Ils sont jetés dans les rues ou dans les cours d'eau potable. Envahies par les immondices et leurs cortèges d'animaux qui en vivent, les villes dégagent des odeurs pestilentielles. Les canaux et fossés se développent et, progressivement, les obligations d'entretien aussi. Les rues sont pavées et les habitants doivent nettoyer le devant de leur maison. La découverte par Pasteur, en 1885, des microbes et des maladies qu'ils transmettent est à l'origine du courant des hygiénistes qui vont considérablement influencer les aménagements urbains. En 1884, à Paris, la poubelle est imposée par le Préfet du même nom. Les déchets sont sortis loin des villes dans des décharges publiques.

Au cours des années 1980, l'industrialisation du recyclage s'est engagée, pour lutter contre le gaspillage, répondre à la crainte de la pénurie des ressources naturelles minérales, à un souhait d'indépendance nationale. Au début des années 2000, le recyclage s'est vraiment mis à compter dans la production industrielle, répondant à une demande de plus en plus forte. Parallèlement, les habitants sont sensibilisés à l'importance du geste de tri. Depuis les années 1990, marquées par l'apparition d'une réglementation environnementale tournée vers une modernisation du traitement des déchets, les collectivités, aidées par les organismes agréés par l'État ont mis en place tout le dispositif de tri nécessaire, pour modifier les comportements et développer les filières de recyclage. Dans la foulée, on a fermé la majorité des petites décharges municipales des 36 000 communes de France. Elles ont été remblayées et remplacées progressivement par des centres d'enfouissement technique et des unités d'incinération, avec captation des lixiviats et des rejets nocifs.

Au niveau européen, différents textes et réglementations ont fait du recyclage une priorité en matière de gestion des déchets. Actuellement, l'objectif de recyclage fixé pour les emballages ménagers est de 50 % à atteindre fin 2020. « Montre-moi ta poubelle, je te dirai qui tu es ! ». Plus récemment, les déchets ont fait l'objet de recherches, notamment dans les sciences sociales. Elles placent malgré tout les solutions techniques au centre des préoccupations. L'image sociale du déchet est ambiguë. Le déchet est à la fois banal, inutile, mais il est aussi répulsif. Il exprime une dépréciation aboutissant à un objet sans fonction et sans ancrage. On lui ajoute son inutilité, son encombrement. Il faut donc l'éloigner, l'enfouir ou le détruire car il est laid, sale, malsain et parfois dangereux. Avec le temps, la représentation sociale du déchet ne tient plus compte de la gravité du problème environnemental qu'il pose. En ce sens, l'abandon des déchets en mer, la confiance dans le pouvoir épurateur de la mer et l'inaction démontrent que l'inconscient collectif a peu changé au cours de siècles. Rares sont les enquêtes qui permettent de dégager les principales représentations des producteurs de déchets « sauvages ». Les personnes interrogées sont apparemment ignorantes du fait qu'elles participent à une pollution des espaces et du milieu marin. Elles ne s'imaginent pas que le vent, la pluie ou les eaux de nettoyage des rues transportent parfois leurs déchets jusqu'à la mer. Elles ne savent pas non plus que le polystyrène, les pneus, les bouteilles en verre ou le plastique génèrent une pollution de la mer et du littoral. Elles manquent souvent d'éléments motivants pour modifier leurs comportements et sont convaincues de « bien faire », en jetant leurs petits déchets dans les caniveaux, imaginant une collecte organisée. Elles sont rarement malveillantes et ne souhaitent pas « consciemment » participer à une pollution majeure.

De la même manière, les agents techniques de nettoyage sont peu conscients de l'importance de leur mission. Ils ne sont pas informés des impacts écologiques et socio-économiques, générés par les déchets solides dans les réseaux pluviaux ou en mer.

Devant ce constat, il semble évident que les campagnes de sensibilisation et d'information de tous les publics sont nécessaires, voire indispensables. Il s'agit en tout cas de la première des étapes des politiques publiques de réduction de cette pollution, pourtant bien visible, quantifiable, issue de comportements connus et identifiés, et probablement la plus facile à enrayer.

Si tous les enfants du monde adoptaient les éco-gestes marins !

Privilégier le recyclable et le réutilisable ; jeter tous les déchets dans les poubelles des rues, des plages, des ports ou des bateaux ; organiser le tri à bord ; débarquer les déchets toxiques (batteries, huiles, etc.) et leur récipients en déchèterie ; ramener les piles et accumulateurs à terre dans les « collecteurs de recyclage » ou chez un professionnel ; rapporter les bouées, filets ou fils de pêche à terre ; faire don des vêtements et livres inutilisés aux services d'entraide des marins.

65 L'industrie du plastique est-elle concernée par le problème des déchets en mer ?

La prise en compte du problème des déchets plastiques marins par les industriels de la filière plastique (producteurs de matières plastiques, transporteurs, transformateurs, recycleurs et industriels du déchet), est relativement récente. Elle est le résultat d'une approche plus globale vis-à-vis de la protection de l'environnement qui a démarré dans les années 1980, et qui a abouti à des premières actions par l'industrie plastique, visant à réduire son impact sur l'environnement.

Cela a commencé à partir des sites de production et de transformation des matières plastiques qui ont fortement réduit leurs rejets dans l'environnement. L'une des actions les plus marquantes a été la généralisation de la mise en boucle fermée des circuits d'eau de refroidissement des presses à injecter, ce qui a permis ainsi d'économiser, chaque année, des millions de mètres cubes d'eau qui, jusque-là, étaient directement pompés et rejetés dans les nappes phréatiques ou les cours d'eau. Autre étape, la mise en place d'actions pour traiter les déchets post-production, notamment au travers du recyclage en interne de ces déchets.

Les premiers signes de la prise en compte par l'industrie du plastique de la question des déchets marins se sont manifestés au travers de la mise en œuvre du programme *Operation Clean Sweep* à partir de 1992 par les industries américaines, puis canadiennes en 1999, et britanniques en 2009. Et ce, pour réduire les pertes de granulés de matières plastiques dans l'environnement lors de leur production, de leur transport par voie de terre ou de mer, et de leur utilisation. Motivée par la nécessité de se conformer à la loi, mais aussi par de bons principes économiques et par une gestion responsable de l'environnement, cette opération contribue à la réduction des granulés de plastique retrouvés dans les déchets marins. Aujourd'hui, le programme *Operation Clean Sweep* se décline dans d'autres pays européens, et notamment en France.

Dans les années 1990, une autre étape est franchie avec la prise en compte par les industriels du plastique de la gestion des produits en fin de vie. Elle devient alors un enjeu majeur, à la fois pour des questions environnementales (réduction de la mise en décharge des déchets, préservation des ressources

Vacances propres

Depuis plus de 40 ans, *Vacances propres*, est le nom de la campagne assurée par l'association *Progrès et Environnement*, créée en 1970, par de grands groupes du secteur des produits de grande consommation (Coca-Cola, Heineken, Nestlé, Orangina, Évian...), l'association des fabricants d'emballages plastiques (Élipso) et Éco-emballages.

L'objectif de l'association : lutter contre les emballages jetés dans la nature et contre les déchets sauvages. Aujourd'hui, les collecteurs et sacs *Vacances propres* sont présents dans près de 2 000 sites de vacances et lieux de loisirs, dont 1 300 actifs. En 2011, ce sont plus de 2,5 millions de sacs *Vacances propres* qui ont été vendus.

Plusieurs centaines de nettoyages de plages, rivières, forêts, lacs, montagnes... sont initiés par les municipalités, les parcs régionaux, les clubs de jeunes et les associations. Souvent parrainés, ils reçoivent parfois un soutien logistique. La contribution de *Vacances propres* au problème des déchets marins concerne les actions spécifiques sur les ports de plaisance et la préservation des cours d'eau. À ce titre, *Vacances propres* soutient le nettoyage printanier d'un millier de plages et dunes, mené par l'ONG *Surfriders*, lors des *Initiatives océanes* qui mobilisent plus de 10 000 personnes.

Affiche de la campagne *Vacances propres 2012* (www.vacancrespropres.com)

et réduction des émissions de gaz à effet de serre), mais aussi pour des questions économiques par la réduction du coût des matières premières, avec la mise sur le marché de matières plastiques recyclées, moins chères que les matières plastiques vierges issues directement du pétrole. Actions de prévention et de réduction des déchets, politique de recyclage et de valorisation des produits plastiques dans tous les secteurs d'application (emballage, bâtiment, automobile, électronique, etc.), développement de l'éco-conception qui fait désormais partie du processus industriel pour réduire les impacts à tous les niveaux (consommation de matières, d'énergie, optimisation en fin de vie).

Au début des années 2000, certains scientifiques et certaines ONG ont commencé à lancer des signaux d'alerte concernant les déchets marins, suite à la découverte par des navigateurs de zones d'accumulation de déchets flottants au milieu des océans. Les médias ont relayé et amplifié ces alertes. On parle alors pour la première fois de « 7e continent de plastique ». De plus en plus de reportages sont diffusés, la presse consacre de nombreux articles à ce phénomène. Intéressant les scientifiques, sollicités pour donner leur avis, impliquant les politiques et les associations de consommateurs, la controverse apparaît.

Les industriels, en veille sur les questions environnementales, sont conscients du rôle important qu'ils jouent mais ne souhaitent pas apparaître comme les seuls responsables des déchets plastiques marins. À l'issue de nombreuses consultations, discussions, réunions et débats, l'industrie mondiale du plastique décide, sur l'initiative des industriels européens, d'afficher clairement une position commune. Elle choisit le cadre de la 5e Conférence internationale sur les déchets marins qui se tient à Honolulu (Hawaii) en mars 2011, où 47 acteurs mondiaux de l'industrie du plastique signent une « Déclaration pour des solutions au problème des déchets marins ».

66 Existe-t-il des solutions globales ?

Difficile de considérer le problème des déchets en mer à une échelle locale si le transport maritime est la source d'apports conséquents sur les innombrables routes du monde entier, si partout, les villes sont à la source de déchets « sauvages », s'ils peuvent être transportés sur des milliers de kilomètres, et si l'ensemble du globe est affecté par les macro-déchets et les micro-plastiques. Les instances internationales et les conventions inter-étatiques sont les plus concernées par les solutions globales. L'Organisation des Nations unies pour l'environnement propose des recommandations depuis de très nombreuses années. Celles-ci étaient relayées par des institutions régionales et l'harmonisation restait difficile. Dans une conférence internationale de 2011, le secrétaire général adjoint des Nations unies et le directeur exécutif du PNUE ont déclaré : « Il est évident qu'une communauté ou un pays agissant isolément n'aura qu'un faible impact. Nous devons nous attaquer collectivement à cette problématique des débris marins, de manière transfrontalière et avec l'aide du secteur privé. »

Recommandations issues de la « Stratégie d'Honolulu », pour une gestion raisonnée des déchets marins
Objectif de réduction des quantités de déchets d'origine continentale
A1 - Informer des risques d'impacts des déchets issus des côtes
A2 - Employer des instruments liés au marché pour améliorer la gestion et la réduction des déchets
A3 - Utiliser les infrastructures et employer les bonnes pratiques pour gérer les apports liés aux évènements extrêmes
A4 - Développer, renforcer et acter les législations relatives à la diminution des apports à la mer
A5 - Améliorer le cadre général relatif aux eaux de ruissellement, issues de stations d'épuration
A6 - Développer les systèmes de nettoyage sur le littoral et dans les voies d'eaux, particulièrement dans les zones très affectées
A7 - Réaliser des nettoyages réguliers, notamment dans les zones affectées
Objectif de réduction des quantités de déchets d'origine marine
B1 - Informer des risques d'impacts des déchets d'origine marine
B2 - Améliorer les dispositifs de stockage en mer et dans les ports
B3 - Améliorer les bonnes pratiques industrielles
B4 - Améliorer les engins de pêche pour réduire les impacts sur les organismes marins
B5 - Améliorer la réglementation et les politiques de gestion des déchets d'origine marine et développer les exigences de MARPOL (annexe V)
B6 - Renforcer les législations locales, nationales en lien avec MARPOL (annexe V)

Objectif de réduction des quantités de déchets sur le littoral et en mer
C1 – Informer des risques d'impacts des déchets en mer
C2 - Développer et promouvoir les technologies de ramassage des déchets marins
C3 - Développer les capacités de co-gestion du ramassage
C4 - Développer les initiatives pour ramasser les déchets flottants en mer et dans les zones d'accumulation
C5 - Établir des structures locales et régionales pour faciliter le ramassage
C6 - Ramasser les déchets sur les plages et en mer

Le meilleur exemple récent de solution globale est l'Agrément d'Honolulu signé en 2011. Cette déclaration définit un ensemble d'objectifs clairs pour l'action des gouvernements, des acteurs de l'environnement et de l'industrie et préconise une coopération étroite avec un large éventail d'acteurs pour réduire, de manière significative, les dommages causés à l'environnement marin. Cet engagement permettra de faciliter le partage de solutions techniques, juridiques et économiques pour réduire la pollution. Il est une première étape vers le développement d'une plate-forme mondiale pour la prévention, la réduction et la gestion des débris marins appelée « Stratégie d'Honolulu ». Ce document cadre propose trois objectifs de réduction et dix-neuf éléments stratégiques de lutte contre les déchets.

L'industrie est largement impliquée dans ce processus. Elle s'est engagée à travailler dans le cadre de partenariats public-privé visant à prévenir les déchets marins, à collaborer avec la communauté scientifique pour mieux comprendre l'ampleur, les origines et l'impact des déchets marins, et les solutions à apporter au problème, à promouvoir l'élaboration de politiques globales, fondées sur des bases scientifiques, ainsi qu'une meilleure application des lois existantes pour prévenir les déchets marins, à communiquer les bonnes pratiques en matière de traitement des déchets, en particulier dans les régions côtières, à augmenter les possibilités de recyclage et de valorisation énergétique des produits plastiques, et enfin, à maîtriser le transport et la distribution des granulés et produits

plastiques à ses clients et promouvoir les bonnes pratiques tout au long de la chaîne logistique.
Depuis cette déclaration, plus d'une centaine de projets portés par l'industrie du plastique ont vu le jour à travers le monde.

67 Des matériaux à inventer : où en est la recherche ?

On peut facilement imaginer l'impact de la recherche sur les nouveaux polymères dans la société actuelle. Cette recherche a déjà valu cinq prix Nobel de chimie et toute nouvelle technologie, depuis l'avion supersonique jusqu'aux petites batteries pour les téléphones mobiles ou encore les tissus synthétiques, requiert le développement d'un grand nombre de matériaux aux propriétés très spécifiques. Le vraisemblable développement, que les polymères peuvent atteindre dans les années à venir, repose sur l'amélioration des connaissances telles que la synthèse de nouvelles molécules, la compréhension des mécanismes de la polymérisation, la détermination des microstructures, de la conductivité électrique, des interactions et des processus de transformation. Leur grande disponibilité et l'infinité de structures possibles, leur légèreté, leur faible consommation d'énergie, leur coût réduit, et surtout le large spectre de propriétés spécifiques, sont autant de facteurs essentiels.

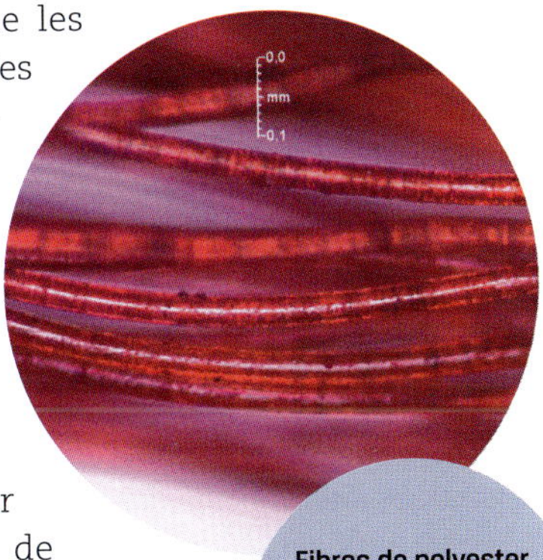

Fibres de polyester. Le textile est l'un des enjeux majeurs de la recherche sur les polymères et leur recyclage

Les défis concernent l'architecture nanométrique des structures et la prédiction de propriétés avec, à terme, des polymères « sur mesure » qui devront répondre à « l'engagement de durabilité » que réclame la société actuelle. Les années à venir devraient donc favoriser les polymères naturels biodégradables comme l'amidon, la cellulose, l'acide polylactique pour emballages, de même que les biomatériaux ou polymères, issus de ressources biologiques, plutôt que du pétrole. Fort heureusement, le nouvel intérêt du secteur plastique s'inscrit dans une perspective de respect de l'environnement et de gestion des ressources fossiles épuisables. Les matières premières végétales possèdent des propriétés particulièrement attrayantes, comme la biodégradabilité, la biocompatibilité, la perméabilité sélective, ou encore les propriétés physico-mécaniques modifiables.

Une nouvelle génération de plastiques organiques apporte également des attributs liés aux différents matériaux naturels. Les biomatériaux, résines époxydes et nano-composites transforment progressivement notre monde. Il existe des plastiques auto-régénérants, des plastiques magnétisés, miniaturisés et conducteurs, des plastiques thermorésistants, des plastiques qui peuvent arrêter les balles de fusil... Il existe même des plastiques pouvant détecter les toxines et absorber les gaz « destructifs ». Ces dernières applications, comme les plastiques micro-poreux, tendent à se généraliser dans les emballages alimentaires dits « intelligents » qui peuvent prolonger la durée de vie des aliments, en absorbant l'éthylène qui déclenche le processus de maturation et de pourriture et en augmentant la longévité des produits, les micro-pores permettant une atmosphère plus « naturelle » pour les produits. Ces développements n'ont pas forcément d'intérêt environnemental direct, mais ils limitent grandement le gaspillage et donc le nombre d'emballages. Le recyclage est également source d'économies et, même si les plastiques recyclés n'occupent plus nos pensées une fois rejetés, ils sont loin de disparaître. Depuis peu, la bouteille d'eau en plastique que vous recyclez peut se retrouver un jour dans votre prochain véhicule car l'utilisation de plastique, plutôt que du métal et du verre plus traditionnels, réduit le poids des véhicules de plusieurs dizaines de kilos. Cette perte de poids se traduit par des économies de carburant annuelles conséquentes. Des utilisations moins évidentes de plastiques recyclés comprennent les matériaux qui rendent nos maisons confortables et attrayantes, et rendent confortables tant nos chaussures haute couture que nos vêtements des chaînes de grands magasins.

Et pour la mer ? Pour la mer, il reste l'espoir de matériaux originaux permettant de répondre à la demande, présentant toutes les propriétés de légèreté et de résistance nécessaires, et se dégradant rapidement, sans conséquence. Un prochain prix Nobel pour un plastique dégradable dans l'eau de mer ! Pourquoi pas ? Mais plus raisonnable est l'amélioration des pratiques afin de limiter les apports. Là aussi, la recherche peut apporter des solutions. Des matériaux dont la dégradation réduit le nombre de micro-fragments, des procédés améliorés de traitement en station d'épuration, une prévention efficace des rejets, une rationalisation des procédés et de collecte, diminuant les risques de pollution et de perte, sont autant de questions à approfondir. Développer des comportements soucieux de l'environnement et les ancrer à jamais dans la conscience des consommateurs reste une voie d'avenir.

68 Les politiques publiques sont-elles assez investies dans la lutte ?

Le déséquilibre entre les sources souvent diffuses et une gestion ciblée de chacun des apports est l'un des enjeux politiques majeurs. Les mesures sont limitées par la méconnaissance de la gravité du problème par les décideurs, leurs coûts, leurs difficultés de mise en œuvre. L'ensemble des questions relatives aux déchets en mer démontre la complexité du système dont dépend l'action collective, mais aussi l'importance des motivations des individus et celle des décideurs qui interviennent dans la chaîne de production.

Malgré les connaissances accumulées par les scientifiques ou les associations, l'évolution des réglementations nationale et européenne, la prise de conscience mondiale de l'urgence avec laquelle il faut traiter cette question environnementale, le succès des actions préventives et curatives, dépend avant tout des décisions prises par des hommes.

La question des macro-déchets est particulièrement sensible et soulève des réactions parfois irrationnelles. Certaines communes privilégient leur image sans véritablement gérer leurs déchets. D'autres peuvent même nier l'existence d'une quelconque pollution de la mer. Il est pourtant admis que les communes littorales sont confrontées au problème, et il est temps de valoriser les acteurs d'une réduction maîtrisée des déchets marins.

Le problème environnemental a commencé à se poser dès l'apparition des déchets durables et difficilement biodégradables. Il ne se poserait pas aujourd'hui avec autant d'acuité, s'il avait été pris en compte dès l'apparition de ces objets. Les textes pour limiter les excès existent mais les lois sont peu appliquées. Alors ce nouvel enjeu environnemental nous impose d'adapter nos réponses.

Les décideurs sont rarement conscients eux-mêmes des conséquences parfois dramatiques de leur méconnaissance des enjeux environnementaux et socio-économiques, et de

leur inertie dans les prises de décision. L'inertie des réponses est aujourd'hui un facteur brûlant et les délais de mise en œuvre des décisions collectives sont beaucoup trop longs. L'information essentielle à retenir est que la présence de déchets en mer entraîne une pollution et des coûts importants de réparation à la collectivité. Les politiques le comprennent de plus en plus. La mobilisation récente des hauts responsables et leur engagement sont plutôt rassurants.
Les engagements de nombreuses personnalités dont des ministres, députés et commissaires européens, de responsables de l'industrie, de gestionnaires, ont pris récemment une tournure politique lors de l'appel de Berlin (mai 2013), discuté et agréé par plus de 200 spécialistes. Cet engagement devrait

La plaisance n'est pas une source importante de macro-déchets mais parfois une victime. Si les gestionnaires ont favorisé le développement du tourisme et celui de l'économie littorale, ils ont parfois oublié les déchets aboutir à des décisions concrètes de la part de la Commission européenne. Si des intérêts économiques sont aussi recherchés, les bénéfices concerneront surtout l'environnement... Rendez-vous dans dix ans !

69 Peut-on concilier économie et environnement ?

Une industrie qui peut être agressive, un public parfois mal informé, une situation dans la réalité mal connue, une société « tout plastique » ou une société où tout est interdit, une science excessive, figée sur quelques idées, parfois fausses, des associations qui mettent tous les plastiques dans nos assiettes et des médias parfois irresponsables. Toutes ces idées et actions excessives ne facilitent pas l'information. L'avenir a besoin de pratiques raisonnables, d'une rationalisation de la production, d'une utilisation de matériaux les moins polluants, d'une meilleure gestion qui sont autant de règles de conduite et de bonnes pratiques. Comment peut-on laisser des oiseaux avec de telles quantités de déchets dans leurs estomacs ? Le problème des déchets en général, et celui de déchets en mer, a ceci de particulier qu'il est, sauf accidents, l'affaire de tous et l'affaire de personne.

L'éducation est importante, mais elle ne doit pas demander aux jeunes de nettoyer ce que les adultes ont laissé sur les plages. Il semble difficile, à l'heure actuelle, d'imaginer un retour à une situation vieille de cinquante ans à l'époque où il n'y avait pas de déchets ni dans la mer ni sur le sable, mais pourtant ? Jour après jour, année après année, il semble que tout le monde réalise l'ampleur du problème, sur le plan esthétique, sur le plan environnemental, sur le plan économique et sur celui de la santé humaine. Avec l'inertie nécessaire au temp des réactions sociales et de la mise en œuvre de solutions durables, les nouveaux matériaux intelligents, les nouvelles solutions de ramassage, une collecte efficace et des comportements modifiés, ont un avenir radieux. Comme

La légende amérindienne du Colibri (P. Rhabi)

« Un jour, dit la légende, il y eut un immense incendie de forêt. Tous les animaux terrifiés, atterrés, observaient impuissants le désastre. Seul le petit colibri s'activait, allant chercher quelques gouttes avec son bec pour les jeter sur le feu. Après un moment, le tatou, agacé par cette agitation dérisoire, lui dit : « Colibri ! Tu n'es pas fou ? Ce n'est pas avec ces gouttes d'eau que tu vas éteindre le feu ! » Et le colibri lui répondit : « Je le sais, mais je fais ma part. »

pour toutes les grandes causes, l'excès nuit. La réduction, en France, du nombre de sacs de caisse distribués est un exemple de réussite dans la gestion du problème, bien que les conséquences ne soient pas vraiment encore mesurables dans l'environnement, du fait de la persistance de certains polymères au-delà de leur âge actuel. L'un des points les plus remarquables concernant la gestion des déchets en mer est la démonstration de l'importance des comportements. Les déchets marins sont souvent des objets liés à la consommation des individus (emballages et bouteilles), leur présence est souvent associée à des comportements inconscients. Il ne s'agit pas de mettre en cause les collectivités qui nettoient leur rue à grande eau ou les compagnies de navigation lorsque que ce sont les passagers qui jettent leurs bouteilles à la mer. Il ne s'agit pas non plus de mettre en cause des industriels qui répondent à une demande et à une pression économique implacable. Il s'agit de limiter les excès et de réajuster notre réponse à cette dégradation environnementale. Les politiques, la recherche et l'industrie ont bien compris le problème. Des femmes et des hommes réfléchissent déjà aux solutions durables de demain.

70 Une mer propre, mission impossible ?

Facile de spéculer sur la durée de vie d'un déchet, plus difficile de donner un chiffre réel. D'innombrables questions restent sans réponse claire et apportent beaucoup de confusion à la perception et à l'évaluation du problème. La première question, peut-être la plus importante, concerne l'ampleur du problème. Quelles sont les quantités globales de micro-plastiques flottants en mer dans le monde ou de macro-déchets sur les plages ou sur les fonds marins ? Aucune étude complète ne peut donner de réponse tant la variabilité est importante. Les densités sur les fonds varient de 0 à 150 000 objets au kilomètre carré et les densités de micro-plastiques varient en surface de 0 à 900 000 objets par kilomètre carré. Ces quantités d'objets se chiffrent en milliards, voire centaines de milliards d'objets par bassin considéré. Cela a peu de sens, en raison de la disparité des tailles et des poids, un conteneur perdu en mer représentant à lui seul l'équivalent en poids de plusieurs milliards de micro-plastiques. De même, quelles sont les quantités de macro-déchets et de granules de plastique qui pénètrent chaque jour dans les milieux marins ? quelles vont

La poubelle sera vidée par le goéland, les déchets balayés par le vent

être leur évolution ? La connaissance des volumes et des quantités reste d'un intérêt limité lorsque l'on ne connaît ni les sources ni les modalités de transport. Cela est notamment important lorsque l'on veut agir. Que vont-ils devenir ? À quelle vitesse vont-ils se dégrader ? Estimées, le plus souvent en laboratoire, les vitesses de dégradation sont très peu connues. Des problèmes risquent de se poser rapidement pour les nouvelles structures qui sortent actuellement des laboratoires. On annonce une stabilité accrue des polymères, par adjonction de graphène (cristal monoplan de carbone) ou de nano-charges dans les matériaux du futur, sans vraiment connaître ce que pourraient être les conséquences sur le devenir des polymères associés dans l'environnement. Et puis, il y a l'invisible, les nano-particules, dont la présence n'est pas démontrée mais quasi inévitable, leur présence étant la conséquence la plus logique de la dégradation des micro-plastiques. Elles ne sont peut-être que l'étape indispensable à un retour à l'état de monomère des nombreux composés issus de la pétrochimie ? Mais, à l'inverse, peut-être constituent-elles des quantités quasi infinies de vecteurs de micro-organismes ? La dispersion des espèces, notamment les espèces dites « invasives », et la colonisation de nouveaux milieux, sont mal connues. Elles pourraient être largement amplifiées par la présence de ces nano-particules. Plus conséquentes et plus visibles pour la société, se posent les questions de l'impact des déchets sur le littoral. À quand un indicateur de l'impact esthétique ? Comme cela commence à se faire pour les apports accidentels d'hydrocarbures, comment mesurer les impacts sociaux et économiques de la dégradation de l'environnement ? Lorsque l'on considère l'ensemble des impacts, on réalise à quel point les consommateurs et les décideurs sont largement impliqués dans les apports. S'il est un domaine dans lequel il est urgent d'agir, c'est bien celui de l'éducation et des comportements. Comment faire pour changer les comportements de l'ensemble des acteurs impliqués ? Sur le plan environnemental, c'est la question cruciale et qui peut être la solution à une grande partie du problème des déchets marins. Un grand nombre de nos concitoyens se sent de plus en plus concerné par la pollution affectant le milieu marin aujourd'hui. Les principales sources sont connues, les solutions recherchées. La vision sur l'environnement a évolué et les nettoyages bénévoles dans les communes sont la preuve d'une volonté croissante de la population de s'impliquer pour réduire cette pollution.

Par manque de moyens, ou si le phénomène s'amplifiait, les plages publiques seraient souillées quand d'autres, privées, seraient nettoyées mais réservées aux plus fortunés. Le cas récent de l'interdiction des visites des bords du Tibre, à Rome, par les touristes, en raison de l'abondance des déchets sur les berges, montre à quel point la vie quotidienne et l'activité économique peuvent être affectées par ces nuisances.

Il suffit malheureusement qu'une infime partie de la population esquive ou échappe aux systèmes de collecte, et cela devient vite un problème. Les enfants jouant dans les déchets en bord de mer sont des images réelles sur certaines plages. Dans nos sociétés, l'apprentissage est capital et les enfants reproduisent largement la négligence des parents. Comprendre et respecter des règles de « vivre ensemble » sont devenues nécessaires. Il semble que la contrainte, les amendes ou la « peur du gendarme » restent toujours des solutions « d'avenir ». Quant à la notion d'éco-citoyenneté qui concilie « droit » et « devoir », elle ne semble pas encore intégrer le devoir de jeter dans une poubelle. Il est urgent de mettre en place des systèmes de collecte qui favorisent ceux qui ramènent leurs déchets. Le déchet a une valeur économique et environnementale. Ils ne doivent jamais rejoindre le cycle de l'eau, au risque de le polluer durablement. Entre l'éco-conception, qui pense déjà aux recyclages facilités, et à la fin de vie valorisée, un cycle vertueux doit donc être instauré. On parle de conception du « berceau au berceau ou *cradle to cradle* (C2C) pour les Anglo-Saxons qui intègrent, à tous les niveaux, de la conception, de la production et du recyclage du produit, une exigence écologique dont le principe est zéro pollution et 100 % recyclage. Dans un sens, transmettre un environnement viable est aussi essentiel que de transmettre la vie. Si pour Saint-Exupéry « nous n'héritons pas de la terre de nos parents mais nous l'empruntons à nos enfants », l'une des questions actuelle reste de savoir comment les générations futures vont vouloir poursuivre leur développement. La pollution par les déchets en milieu marin compromet grandement la qualité des activités socio-économiques et la santé des écosystèmes. Elle réduit aussi la capacité des générations futures à répondre à leur besoin de développement. Le problème touche l'ensemble des océans. Il reste l'espoir que, grâce aux travaux approfondis des scientifiques sur tous les aspects de cette pollution et à la visibilité de ces déchets qui souillent un espace de liberté à haute valeur symbolique et économique, une prise de conscience collective s'opère afin d'en limiter les conséquences dans l'espace et dans le temps.

L'enfer est pavé de bonnes intentions...

70 clés pour comprendre les déchets en mer

L'origine des déchets

Le devenir des déchets

L'impact des déchets sur le milieu

L'impact des déchets sur l'homme et ses activités

L'évaluation du problème

Vers la suppression du problème à sa source

Pour en savoir plus

Ouvrages et thèse

Baudrillard J. 1970. *La société de consommation*. Éditions Folio, Essais. 318 p.

Carson R., 1964. *Le printemps silencieux*. Éditions Wildproject, 269 p.

Conservatoire du littoral/Rivages de France/Véolia, 2011. *Guide méthodologique. Le nettoyage raisonné des plages*, 67 p.

Le Bozec A., Barles S., Buclet N., Keck G., 2012. *Que faire des déchets ménagers ?* Éditions Quae, collection Matière à débattre et décider, 232 p.

Poitou I., 2004. *Les macro-déchets : une gestion publique empirique. Étude du littoral de la région Provence-Alpes-Côte d'Azur*. Thèse de l'université Paul Cézanne, 426 p.

Sites Internet consultés

http://www.ademe.fr/paca/Pdf/accueil_ecogestes_dechets_norme13432.pdf

http://www.arehn.asso.fr/dossiers/sacs/index.html

http://www.berges-saines.fr/

http://www.cedre.fr/fr/rejet/macro/

http://www.developpement-durable.gouv.fr/IMG/pdf/G14-2.pdf

http://envlit.ifremer.fr

http://www.ina.fr/video/CAF93027241/carrieres-sur-seine-video.html

http://www.ina.fr/economie-et-societe/environnement-et-urbanisme/video/CAF93027827/les-plastiques-les-dechets-de-l-an-2000.fr.html

http://www.initiativesoceanes.org

http://www.kimointernational.org/MarineLitter.aspx

http://maldeseine.free.fr

http://maldeseine.free.fr/granules_plastiques_industriels_page_speciale.html

http://www.marinelittersolutions.com

http://marine-litter-conference-berlin.info/userfiles/file/Message%20from%20Berlin.pdf

http://mer-terre.org

http://www.mouvement-leclerc.com/page/nettoyons-la-nature

http://newsfeed.time.com/2012/08/07/hong-kongs-plastic-pellet-problem-its-beaches-are-littered-with-millions-of-them/

http://pelletwatch.org

http://www.planetoscope.com/recyclage-dechets/dechets

http://www.ports-propres.org/

http://www.resodema.org

http://www.robindesbois.org/macrodechets/macrodechets.html

http://www.seinequejaime.fr/operation-de-nettoyage.htm &

http://www.surfrider.eu/fr/environnement-actions-locales/dechets-aquatiques.html

http://www.vacancespropres.com

http://www.wastefreeoceans.eu

http://fr.wikipedia.org/wiki/D%C3%A9charge_%28d%C3%A9chet%29#cit

Crédits photographiques

Couverture : Plat I © I. Poitou, *MerTerre* ; **Plat** IV. 1. et 3. © L. Colasse, SOS *Mal de Seine*, 2. © G. Demée ; **Table des matières** : élément détouré (médiafiltrant) © L. Colasse, SOS *Mal de Seine*, vignettes de bas de page : **1.** et **2.** : © I. Poitou, *MerTerre*, **3.** : © Laurent Lombard ; **Avant-propos** : © F. Galgani.

Chapitre 1 : entrée de chapitre © F. Galgani **; Question 1 :** © F. Galgani et J.H. Hecq **; Question 2 : 1.** © I. Poitou, *MerTerre*, **2.** L. Colasse, SOS *Mal de Seine* ; **Question 3 :** © I. Poitou, *MerTerre*. ; **Question 4 : ©** F. Galgani ; **Question 5** : © J. Ruxton, Plastic Oceans ; **Question 6** : © L. Colasse, SOS *Mal de Seine* ; **Question 7** : © Rapport d'évaluation initiale DCSMM, données *Cedre* **;** **Question 8 : 1.** © Gilles Demée, **2.** © Michael Pitts ; **Question 9** : © L. Colasse, SOS *Mal de Seine* ; **Question 10** : © Ifremer/F. Galgani ; **Question 12** : © D. Jones, Plastic Oceans ; **Question 13** : **1.** © L. Colasse, SOS *Mal de Seine* ; **2.** © Ifremer/ Agence des aires marines protégées (AAMP) ; **Question 14** : © Éco-Emballages ; **Questions 15-16** : © Plastic Europe.

Chapitre 2 : entrée de chapitre © I. Poitou, *MerTerre* ; **Question 17** : © NASA/MODIS OCEAN GROUP/GSFC ; **Question 18** : © D. Jones, Plastic Oceans ; **Question 19** : © Ifremer/F. Galgani ; **Question 21 :** © Ichthyop/Menor, Ifremer/O. Gérigny, ; **Question 22 : 1.** © L. Colasse, SOS *Mal de Seine*, **2.** © F. Galgani ; **Questions 22-23** : © F. Galgani ; **Question 24 :** © H. Karapanagioti, université de Patras, Grèce.

Chapitre 3 : **entrée de chapitre** © L. Colasse, SOS *Mal de Seine* ; **Question 25** : © Ifremer/O. Barbaroux ; **Question 26** : © L. Colasse, SOS *Mal de Seine* ; **Question 27** : **1.** J. Detcheverry/SPM Frag'îles, **2.** CESTMed ; **Question 28** : © J. Stock ; **Question 29** : **1.** © Ifremer/A. Huvet, **2.** © Imares, J. Van Franeker ; **Question 30** : © Association Kwata ; **Question 31** : © L. Colasse, SOS *Mal de Seine* ; **Question 32** : **1.** © I. Poitou MerTerre, **2.** L. Colasse, SOS *Mal de Seine* ; **Question 33** : **1.** et **2.** © F. Galgani ; **Question 34** : © F. Galgani/J.H. Hecq ; **Questions 35-36** : © L. Colasse, SOS *Mal de Seine* ; **Question 37** : © R. Thompson ; **Question 38** : **1.** © F. Galgani , **2.** © I. Poitou, *MerTerre*.

Chapitre 4 : **entrée de chapitre** © L. Colasse, SOS *Mal de Seine* ; **Question 39 :** © Ifremer/M. Gouillou ; **Questions 40-41-42** : © L. Colasse, SOS *Mal de Seine* ; **Question 43** : © Ifremer/O. Barbaroux.

Chapitre 5 : **entrée de chapitre** © I. Poitou, *MerTerre* ; **Questions 44-45** : **1.** © L. Colasse, SOS *Mal de Seine*, **2.** Ifremer/F. Galgani ; **Question 46** : © Ifremer ; **Question 47 :** © Ifremer/O. Dugornay ; **Question 48** : © L. Colasse, SOS *Mal de Seine* ; **Question 49** : © S. Bordes, *MerTerre* ; **Question 50** : © S. Simon, institution Adour ; **Question 51 :** © I. Poitou, *MerTerre* ; **Question 52** : **1.** © L. Colasse, SOS *Mal de Seine*, **2.** © d'après *Rivages de France*, repris par F. Galgani ; **Question 53** : © Ifremer/M. Gouillou ; **Questions 54-55** : © L. Colasse, SOS *Mal de Seine* ; **Question 56** : © I. Poitou, *MerTerre*.

Chapitre 6 : entrée de chapitre © I. Poitou, *MerTerre* ; **Questions 57-58** : © L. Colasse, SOS *Mal de Seine* ; **Question 59** : © Agence européenne/ I. Poitou, *MerTerre* ; **Question 60** : © L. Colasse, SOS *Mal de Seine* ; **Question 61** : © Ifremer/O. Dugornay ; **Question 62** : © Ifremer/O. Gérigny ; **Question 63** : © Ifremer/F. Galgani ; **Question 65** : © Fédération de la plasturgie ; **Question 67** : © L. Colasse, SOS *Mal de Seine* ; **Question 68 :** I. Poitou, *MerTerre* ; **Question 70** : **1.** © L. Colasse, SOS *Mal de Seine*, **2.** © Laurent Lombard.

p. 10, 166-167 (île de Nouvelle-Calédonie), **172 et 174** : © F. Galgani ; **p. 168** : © I. Poitou, *MerTerre*.

Édition et coordination du projet : Nelly Courtay
Maquette, couverture et mise en pages : Gwendolin Butter

Imprimeur : BETA Barcelone
Dépôt légal : octobre 2013

bones pràctiques ambientals
buenas prácticas ambientales

PEFC certifié
Ce produit est issu de forêts gérées durablement et de sources contrôlées
PEFC
PEFC/14-38-00155
www.pefc.es